每天努力一点点

尹红玲◎编著

中国纺织出版社有限公司

内 容 提 要

“锲而舍之，朽木不折；锲而不舍，金石可镂”，一个人只要找准目标，坚定步伐，义无反顾地向前走，每天努力一点点，最终会沐浴到胜利的光辉。

本书是一本心灵成长指导用书，通过大量通俗易懂且韵味深长、富有哲理的事例，告诫那些正在人生路上默默奋斗的年轻人，每天努力一点点，为梦想坚持到底，才不会辜负生命的意义，成就辉煌的人生。

图书在版编目（CIP）数据

每天努力一点点 / 尹红玲编著. --北京：中国纺织出版社有限公司，2021.4
ISBN 978-7-5180-8122-6

Ⅰ. ①每… Ⅱ. ①尹… Ⅲ. ①成功心理—通俗读物 Ⅳ. ①B848.4-49

中国版本图书馆CIP数据核字（2020）第209715号

责任编辑：张　宏　　责任校对：江思飞　　责任印制：储志伟

中国纺织出版社有限公司出版发行
地址：北京市朝阳区百子湾东里A407号楼　邮政编码：100124
销售电话：010—67004422　传真：010—87155801
http://www.c-textilep.com
中国纺织出版社天猫旗舰店
官方微博http://weibo.com/2119887771
三河市宏盛印务有限公司印刷　各地新华书店经销
2021年4月第1版第1次印刷
开本：880×1230　1/32　印张：6
字数：109千字　定价：39.80元

凡购本书，如有缺页、倒页、脱页，由本社图书营销中心调换

■ 前言 ■

如果你去过乡下，有幸看到有屋檐的老房子，你会发现这些老房子屋檐之下是石头砌成的平台，而屋檐上是瓦片铺盖而成的屋顶。每当下雨的时候，雨水落下来，滴在屋檐上，那水珠就顺着瓦檐流下来，好像珠帘子一样，而水珠滴落的地方，那坚硬的石头竟然出现一些小坑洼。那是多么神奇啊！柔弱的水珠，通过长年累月的撞击，竟然可以将石头滴穿！这就是“滴水穿石”的现象。

大自然的这些神奇现象蕴含的哲理可以引申到我们生活中——如果将那些忽略不计的力量一点点凝聚起来，就能创造奇迹。不论是做人还是做事，我们都需要坚信水滴石穿的真理。哪怕是一点点的力量，经过时间的打磨，也会蜕变成一股强大的力量，而这正是推动我们走向成功的力量。只要每天努力一点点，终有一天，我们能够顺利地采摘成功的果实。

做任何事情都需要一个过程，需要一点点累积。如果你放松了平日的努力，只靠临时抱佛脚，那将注定失败。那些在平日中不断努力却没有得到回报的人们，心里总是抱怨：为什么上天不公平呢？其实，上天给予我们的都是公平的，如果你还没有得到回报，那只是因为还没到时机。时间是最好的见证者，它见证了你一点点的努力，它也终将见证你的成功。

万丈高楼平地起，枝繁叶茂缘根深。没有人能随随便便成功，只有勤奋、注重积累的人才能在事业上不断突破，眼高手低、不愿意躬身实干的人则会失去很多机会。

现在的你，是否找不到方向？是否觉得无从下手？回答这些困惑就是本书编写的初衷。

本书是一本给人力量、促人奋斗的正能量书。它让你懂得规划自己的人生，让你懂得怎样找到奋斗的方向。看完本书，你会获得力量，会找到自己的目标，并为之一点一滴积累实力，最终驾驭自己的人生，实现自己的人生价值！

编著者

2020年10月

目录

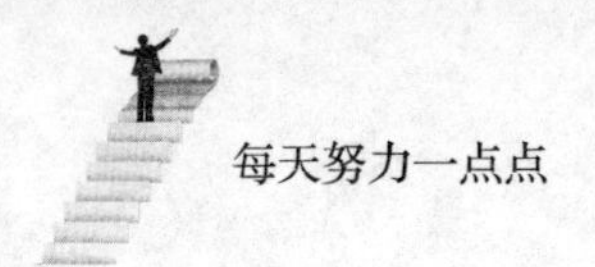

第 01 章

你应该靠自己的努力，过上想要的生活

一无所有并不可怕，可怕的是一无是处

每个生命在刚刚诞生时都像是一张白纸，上面没有任何痕迹，充满了无限的可能。然而等到漫长的生命历程过去，有的人依然像是一张不小心遗落的白纸；有的人却拥有了一张五颜六色、绚烂无比的人生图画；还有的人呢，白纸已经被画得乱七八糟，不堪入目。毫无疑问，第一种人生是虚度的，第三种人生则是混乱的，唯有第二种人生，才能给人赏心悦目之感。

有人会用出身卑微作为借口，毕竟和那些出身好的人相比，我们的起点低了很多。然而，这并没有大碍，因为生命最终的归途取决于我们在一生之中的努力，而并非完全取决于父母或者是命运对我们的馈赠。真正的强者可以接受自己的一无所有，但是从不会自暴自弃，因为他们知道，只要心中怀有希望，只要目标坚定勇往直前，就一定能够战胜命运的薄待，让自己拥有厚重充实的人生。

从某种意义上来说，一无所有也是一种生命的馈赠。相比起那些拥有很多的人，正因为一无所有，我们才能杜绝一切奢望，坚定不移地依靠自己。也正因为一无所有，我们在奋力拼搏的时候更加决绝勇敢，不会害怕失去。就像项羽在巨鹿

之战中破釜沉舟一样，将士正因再也没有退路，才能竭尽全力，在九次激战之后打败秦军。一无所有可以变成义无反顾的勇气，也可以变成只能胜不能败的决心。

从这个意义上来说，人可以一无所有，但不能一无是处。一个一无是处的人总是看不到自身的优点，不能扬长避短、取长补短。一无是处的人一味地把希望寄托在他人身上，而自己却颓废沮丧，甚至失去了奋斗的信心和勇气，连尝试也变得遥不可及。一无是处是人生状态停滞的罪魁祸首。其实对于任何人而言，哪怕一无所有只要心中有动力，人生就像拥有了永动机，始终马力十足。

在山上的一座寺庙里，生活着一个老和尚和他的三个小徒弟。有一天，老和尚拿出三把斧头给三个徒弟，让他们上山砍柴。除此之外，老和尚还给了大徒弟一根拐杖，给了二徒弟一把伞，唯独没给小徒弟其他的任何东西。

中午时分，原本风和日丽的天气突变，下起了大雨，为此三个徒弟直到傍晚时分才回到寺庙。他们分别背回了两大捆柴火，但是有拐杖的大徒弟摔得鼻青脸肿，有伞的二徒弟浑身湿透，反而是除了斧头什么都没有的小徒弟既没有摔倒，也没有遭到雨淋。他们看着彼此，都有些不知所以。这时，老和尚让他们都说说各自的感受。

大徒弟说："我有拐杖，所以走路的时候就底气十足，哪怕是泥泞的地方也大胆地朝前走。因而，我不小心摔倒了好几次。但是因为没有伞，下雨的时候我躲进山洞避雨了。”二徒弟说：“因为有伞，我根本不怕下雨，因而下雨了也继续赶路，不想半路上雨越下越大，但是我一时之间又找不到避雨的地方，大风又导致无法撑伞，所以才会淋得浑身湿透。不过，我知道没有拐杖容易摔倒，所以走路时小心翼翼，从未摔倒。”小徒弟说：“我既没有拐杖也没有雨伞，因而下雨的时候我就避雨，遇到艰难的路就绕道而行。”话说到此，三个徒弟恍然大悟。老和尚这才说：“有的时候，一无所有反而是一种财富，它可以让我们更加用心地对待一切，也更努力地奋斗和拼搏。”

人生之中，有很多人之所以出现失误，就是因为他们拥有得太多，因而毫不在乎。相反，一无所有的人因为没有什么可以仰仗，所以更加全力以赴地付出，也更小心路上的陷阱。最终，他们反而能够后来居上。这其中的道理和龟兔赛跑也有些相似，兔子正因为觉得自己跑得快，哪怕睡一觉也能遥遥领先，所以才轻视了慢吞吞的乌龟。殊不知乌龟很有自知之明，知道自己跑不快，因而始终不遗余力地往前爬，最终反而转败为胜。所谓笨鸟先飞，也正是这个道理。

朋友们，一无所有并不可怕，可怕的是一无是处。让我们调整心态，把一无所有变成优势吧。只要能做到这一点，你一定能够无所顾忌地勇往直前，给人生开拓更宽广的天地，也给人生带来更多的改变和飞越。

唯有自救，才能改变命运

人生难得一帆风顺，大多数人都要面临命运的坎坷和挫折。每当遭遇困境时，常常有朋友会把希望寄托在他人身上，希望他人能够拯救自己。然而他们自身根本不会想办法解决难题，只是一味地寻求帮助。常言道，自助者，天助之。这句话告诉我们，一个人在遭遇困境时必须首先自救，才能得到命运的垂怜。与此相反，假如一个人在遭遇困境时总是一味地求助于他人，自己丝毫没有试图努力，最终一定难以摆脱厄运，甚至陷入更深的泥泞之中，无法自拔。

归根结底，每个人的救世主就是自己。假如依赖成为习惯，人们在遇到任何问题时都第一时间想得到别人的援助，那么最终只会丧失斗志，也不再有独立自主的精神。要知道，别人的慷慨帮助也许能够帮助我们暂时摆脱困境，但是要想拥有坚强独立的人生，我们只能靠自己。人必须为自己找到活路，一味地依靠他人的帮助最终只会让自己一事无成，无法承担生活中任何的压力。面对那些成功的人，我们应该扪心自问：我们并不比他们差，为何就不能凭借自身的努力获得成功呢？很多时候，那些成功人士经历坎坷，人生也并不如我们平顺，但是他们却能成功逆袭，最终获得成功的人生，就是因为

他们找到了自己的活路，也能够拯救自己于命运的深渊。

在美国，亨利香肠得到了很多人的认可和喜爱，它的发明者亨利也因此名满天下。其实，亨利发明这种香肠并非毫不费力，而是在生命的逆境中才实现的。

年轻体壮的亨利曾经在农场工作，尽管当时他的生活很贫困，但是因为他对待工作勤勉认真，也得到了老板的认可和赏识，所以生活还算幸福。然而，一次意外事故使活蹦乱跳的亨利突然之间瘫痪了，从此之后他只能坐在床上，什么事情也做不了。面对如此沉重的打击，亨利一时之间根本无法接受，每天除了痛哭流涕，就是抱怨连天，所有的亲戚朋友都以为他的人生彻底毁了。一次偶然的机会，妈妈鼓励亨利：“亲爱的，我不想让你在对命运的抱怨中度过下半生。你要知道，你的厄运无法改变，然而即便如此，你也依然能够操控自己的命运。只要你愿意，你完全可以改变现状。”妈妈的话让亨利陷入了沉思，的确，他还这么年轻，难道要就此沉沦下去吗？思来想去，亨利决定改变：“虽然我不能走路了，但是我还能思考，双手也灵活自如。”想到这里，亨利不再怨声载道，而是满怀希望地面对每一个崭新的今天。他的积极乐观让家人对他再次充满信心。经过数十天的深入思考，亨利终于想出了一个好办法：“我们何不成立一家香肠加工厂呢！我们可以用自己种植的玉米喂猪，提升猪肉的品质，然后再趁着猪肉鲜美时将其加工成香肠，还可以生产玉米味道的香肠，也许能

够打开销路呢！”果不其然，亨利香肠问世之后得到了大家的一致喜爱，很多人甚至慕名而来购买香肠。从此之后，亨利的命运也彻底改变了，他成为了成功的创业者，不但改变了自身的命运，也扭转了家庭贫困的局面。

假如命运为你关闭了一扇门，它一定会为你打开一扇窗。面对残酷的命运，亨利原本心如死灰，也不知道人生的方向在哪里。幸好妈妈的话鼓励了他，让他再次对生活燃起希望。即便命运没有给予我们最好的安排，我们也能够依靠自身的努力最大限度地提升自己。如此一来，我们不再是只能接受命运摆弄的棋子，而变成了执掌人生棋局的操盘手，可以决定自己的命运。

常言道，天无绝人之路，很多情况下生活看似将我们逼入绝境，实际上只要我们心怀希望，始终不放弃努力，就一定能够绝处逢生。冬天已经来了，春天还会远吗？人生不可能永远都是坦途，更不会永远都是逆境，只要我们坚持不懈，不放弃努力，就一定能够扼住命运的咽喉，成为命运的主宰。

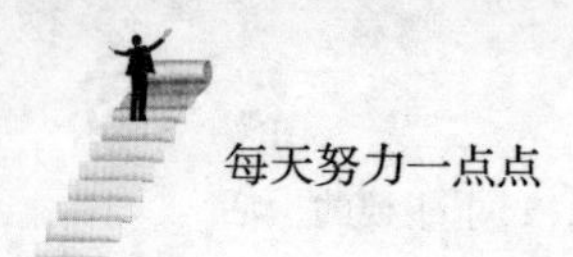

不满足于现状，时刻奋发上进

明代哲学家王阳明认为一个人若无法认清自己，就容易骄傲自满，就好像装满了水的容器，稍微晃动，水便会溢出来。而骄傲自满的人会故步自封，或止步不前。人生在世，短短数十载，岁月无痕，晃眼如烟。但我们不能因为它的短暂而不思进取，而是应该不满足现状，时刻保持进取心和斗志。

鲁迅先生说过：“不满是向上的车轮，能载着不自满的人类向人道前进。”新闻集团总裁鲁伯特·默多克的第三任妻子、MySpace的中国负责人——邓文迪也曾经说：“我是一个进取上进的人，无论做什么都会尽心尽力。人生充满了跌宕起伏，不管是顺境还是逆境，我都会找到美好的东西，使生活尽可能地完美。”满足是成功的绊脚石，我们要不断归零，不断进取。人要有欲望，不满足，这是进步的先决条件，唯有不自我满足的人才能不故步自封。不满足于现在的自己，时时超越自己，才能找到成功的路，创造一个更美好的人生！

小李在北京一家广告公司工作，有一次，他去上海找一位大学同学。这位大学同学刚毕业时和小李境遇差不多，但在上海的这些年，他已经找到一份很好的工作，月薪上万，并娶

了一位很好的太太，生活得很好，这让小李很是羡慕。

这位大学同学带小李来到一家五星级酒店用餐。“确实，他不缺钱”，小李想，“但也没必要如此铺张”。所以，小李对他说：“都是老同学了，随便找个地方吃点算了。”

同学看出了小李的意思，便说道：“我不是打肿脸充胖子，到这个地方对你对我都有好处。”

小李不解地问：“什么好处？”他说：“可能我的想法不对，但我认为，这是一种督促自己的方法：只有到这种地方来，才知道自己的财富还不足，你才会努力改变自己的现状。如果你总去小吃店就永远也不会有这种想法，我相信只要努力，总有一天我会成为这里的常客。”

接着，他说：“我们公司老板一直看不起生平无大志的人，他曾对一职员说：‘你满意现在的职位吗？你满足现在的薪水吗？’当那位职员踌躇满志，答复已觉得满意的时候，他马上把他开除了，并很失望地说：‘我不希望我的手下满足于现在已拥有的，而停止发展。’”

听了他的话，小李深有感触，他的话不一定对，但他那种不因现状而满足的生活态度是值得学习的。

从这个事例中，我们也应该有所感悟，永远不要满足现状，只有不断进取才会让自己做到更好！平凡的人之所以一无所成，就是因为他们太容易满足而不求进取，一旦得到舒适安逸的位置，便安于现状。他们一生只会盲目地工作，挣取勉强

温饱的薪金，最终也只能碌碌无为。

那些成功的人，总是尽力寻求不满足的地方，以发现自己的缺点并及时改善。古人曰：“居安思危。”成功者无不把这四个字当成人生的座右铭。美国汽车大王亨利·福特说过：“一个人如果自以为已经有了许多成就而止步不前，那么他的失败就在眼前了。许多人一开始奋斗得十分起劲，但前途稍露光明后，便自鸣得意起来，于是往往倒在黎明来临之前。”所以，切莫得意忘形，只有保持积极奋发，才能使成绩永久不坠。

有野心，你才有奋斗的动力

早在三百万年前，人类的祖先和其他动物一样在丛林里生活，始终与杀戮、饥饿、死亡等恐怖的事情相伴。他们生存的唯一法则就是“弱肉强食”，只有战胜那些凶残的对手，才能活下去。然而，相比于满足于“活下去”的动物，人类是有野心的，他们在漫长的进化过程中逐渐步入文明社会。

随着现代社会文明的发展，人类的兽性在道德和法律的约束下，渐渐潜伏下来。当然，这里所说的兽性并非指的是作为野兽的本能，而是指人随心所欲、不愿意被驯化的那些自由习性，以及桀骜不驯的野心。现代社会，竞争非常激烈，野心再次被提及，而且作为很多人奋斗在职场上缺少的品质，被提升到前所未有的高度。在这种情况下，我们必须正确对待自己的野心，有目的地规划和发展自己的人生。

当然，需要注意的是，野性不是胡作非为，更不是盲目地独断专行。恰当的野心，必须具有针对性和目的性，并且要符合自身的能力和水准，匹配实际能力。很多人做事情优柔寡断，归根结底，就是因为他们对于人生没有野心，也缺乏野性。现代社会发展到今天，人们生活在现代化的钢筋水泥的丛林中。在这个丛林里， 我们必须要有野性，才能更加积极主

动面对人生，创造未来。否则，我们的人生就会被各种各样的东西禁锢住，从而毫无发展，缺乏创新。那些做事情瞻前顾后、犹豫不决的人，最终必然错失良机，与人生中的好机会失之交臂，最后追悔莫及。人生是不能重来的，只有更加坚决果断，才能尽情把握人生。

人生是短暂的，也是漫长的。有的人出人头地，有的人平庸无为。归根结底，在诸如机遇、能力、才学等因素之外，野心的确会对人生起到决定性作用，甚至能彻底改变人生。所以朋友们，我们可以缺乏很多东西，但是唯独不能缺乏野心，因为有野心才能激励我们的人生不断奋发向上。

第 02 章

大胆折腾，书写人生的无数个可能

跨出你的舒适区，别做安全感的奴隶

生活中的我们总是会遇到这样的时刻：课堂上老师提出一个问题，自己明明很想回答，却因为没有自信而不敢主动争取；明明当初自己去参加聚会的目的是多认识一些陌生的朋友，开拓一下朋友圈，结果到了聚会当晚，相聊的还是那几个熟识的人；明明知道晨起锻炼身体对自己好处多多，却还是改不了每天熬夜晚睡的习惯……没错，从某种天性上来说，我们对接触陌生事物和改变固有习惯就是有着一种天然的抗拒，我们总是习惯于窝在自己构建的舒适区里面，不愿轻易地改变。从一定意义上来说，我们每个人的选择其实都是在我们能力范围以内所做出的自认为最优的选择，因而可以说，我们每个人其实都是安全感的奴隶。

我们每个人都有自己不同的舒适区，它或者是一成不变的生活节奏，也或者是不愿做出改变的一种状态，更或者是很多你早已习以为常的习惯。在这个熟知的安全区域里，我们的日常生活总是被熟悉的事物填满，因为这些会给你带来满足，让你认定“人生本就该这样子的”让你根本就不会去思考为什么，根本就不会去追问为什么。你只会觉得这一切是那么得舒适，那么得让你放松，让你能够掌握，能够拥有足够的安

全感。这是我们人类的本性，是一种惰性。没有外在的压力和期望造成的不安，我们往往会心安理得，得过且过。

但是，你我都无法保证我们能够永远待在自己的舒适区里面不受任何威胁。并且，在你从未走出舒适区，看到自己真正拥有多大的潜能之前，你其实是无法理解自己能够有多棒的。当你真正走出去以后，你必定会发现一个很不一样的自己。

长年待在舒适区的最大弊端是会让我们逐渐变得麻木，就像是被温水煮着的青蛙，习惯了越来越热的水温，忍受着越来越恶劣的生存环境，直到最后想要逃离的时候，却发现自己早已失去了跳出和在外生存的能力。得过且过，这是一个特别恐怖的词语，也是人生最不值的活法。怀抱着得过且过的心理会让我们失去对每天多学一点、进步一点的干劲和热情，会让我们陷入越累越麻痹、越麻痹越辛苦的负能量怪圈。

因此，当你发现自己身上已经开始有了这些征兆的时候，应当立刻抓紧时间，尝试走出自己的舒适区。毕竟未来如此的变动不安，不可预料。我们唯一能够做的就是要提前做好万全的准备，随时应对这世界出现的变化。每个人都有自己的现实顾虑，也会由于各种客观原因，不敢尝试新的事物。但其实，我们完全可以让自己在可控的范围内适当地走远一点，挑战一些通常不太会做的事情。

鞭策自己勇敢地走出自己的舒适区能够让我们更清楚地认识自己，发现自己的潜能，让我们了解到更为全面的自己。或许，等你走出来以后，你会发现原先那些你认为太难或者做不到的事情其实是有实现的可能的。督促自己早些迈出舒适区，也能够让自己找到更聪明、更有效率的工作方式，让自己在处理意想不到的变化时更加游刃有余。因此，我们应当要让自己习惯于走出舒适区，勇敢迈出人生的新步伐。

当我们开始挑战自己的时候，其实我们自己的舒适区也会逐渐调整。并且，当我们勇敢走出第一步，开始接触新鲜事物和新的知识以后，我们也能够对自己原有的知识结构进行反思，从而以一种新的视角和更高的要求重新审视自己，向固有的习惯和成见发起挑战，在新旧交锋和碰撞中不断地充实我们自己，成为更好的自己。

其实，我们每个人都会懒惰，偶尔的懒惰也并不是一件很可怕的事情，因为我们也会有需要休息和调整自己的时候。可怕的是，当懒惰成为习惯，胆怯成为常态，我们就逐渐丢失了自己，最终迷失了自我。因此，我们应当时刻提醒自己，只有始终保持开放的心态，不断接受那些外在的挑战和刺激，同时不放弃对自我内在渴望的探索和追求，才能够真的不负此生。只有在适当的时候跳出自己的舒适圈，我们才能够遇见更大的世界，也才能够越发逼近那个最真实的自己，看到我们最具活力的模样。当你内心真正觉醒以后，你才会主动要求

跳出自己的舒适区，而只有你真正远离自己曾经的舒适区以后，你才会变成一个更好的自己。你才会发现，你真正的人生开始了。

爱折腾，你的人生才会精彩纷呈

有人认为安稳是福，所以终其一生都在追求安稳的生活。确实，稳定的生活是我们每个人追求的梦想。每天早上睁开眼，发现周围一切都是熟悉的其实是一件很幸福的事情。但是，我想告诉你的是，稳定或者是安稳，从不意味着一成不变和固守己见。爱折腾这件事情也并不意味着不靠谱和不安分，在现在这个信息化、多元化的时代里，爱折腾的人其实更容易获得成功，更容易达到想要的稳定状态。

为什么这么说呢？首先，爱折腾的人必定都拥有不安定的内心，他们不会一直满足于现状，总是会想要改变目前的状态，追求更好的生活。这点在我们追梦的过程中是很重要的。试想，如果你连想要改变的想法都没有，又何谈改进的行动呢？明明心中还有那么多未曾实现的梦想，又有什么理由停下前进的脚步呢？

曾经听一个朋友说过这么一段话：什么叫作出路？人生的出路从哪里来？出路就是走出去，既然需要走出去，那么人生的出路靠等必定是等不来的。因而，只有多出去走走，多折腾折腾，活路才能出来。那么，什么又叫作困难呢？困难就是总将自己困在一个地方不动，一直不动，那人生自然就会越来

越难了。

我这个朋友之所以会有这么深的感悟，是因为他自己就是一个特别能够折腾的人。暂且称呼这个朋友为胡老板，胡老板是我的小学同学，我们住在同一个村庄里，两家靠得很近，可以说是从小一起长大。胡老板的家庭条件并不理想，父亲年轻的时候生过一场重病，留下了不能干重活的毛病，每年自家种的几亩稻子打理起来都费劲，就更不要说其他的重活了，只能每天四处转悠着拾点废纸盒子、空塑料瓶倒卖一下赚点家用。而母亲在他幼年的时候，忍受不了这种生活，竟狠心离开了他。从此，只剩下他和父亲两人相依为命，互相支持。

都说穷人的孩子早当家，胡老板正是这样。当我们还在父母的关照下按部就班上大学的时候，胡老板就选择了学习绘画，因为这样才能够以最快的速度获得出去工作的能力。于是，刚上大二胡老板就开始了自己的摆摊生涯，每逢天气好的时候，就带着自己的工具箱去学校附近的天桥下面帮行人画速写，一张画十元钱。每逢过年回家的时候，我都喜欢到胡老板家串门，调侃他帮我画上几幅画“收藏”起来，以后等着升值。胡老板很高兴，总是很认真地帮我画好。曾经，我一度以为，胡老板应该是要坚定地走艺术家这条道路了。

大四的时候，胡老板得知了一个培训机构的渠道，进去做起了培训老师，每天带着小朋友们学习画画，他也有了更为稳定的收入。毕业以后，胡老板就用自己的积蓄和同学一起开了一个小画室，自己做老板带学生画画。凡事只要用心，就一定能够有所突破。经历了初期的艰难以后，凭借着良好的口碑和推荐，胡老板的画室招收到了越来越多的学生，他的生意也做得越来越大。不曾想，就在短短两年以后，胡老板就将自己在画室里面的所有股份抽了出来，自己单独去开了一家零食坊。当胡老板告诉我这件事情的时候，我一度很不能理解，他为什么放着这么现成稳定的钱不赚，又去折腾零食坊。胡老板只是朝我笑笑，说了一些自己的想法。他说画室虽然是赚钱，但是毕竟面对的生源有限，而且涉及诸多利益分配、成本投入的问题，自己一直做得很累。

离开画室以后，胡老板一心经营自己的零食坊。短短三年时间里，已经发展出了十几家分店。现如今，胡老板将他这十几家零食坊都交给了一个专业经理人进行打理，自己则全心全意又经营起了一家火锅店。胡老板说，他现在的梦想就是有朝一日成立自己的美食王国。就这样，胡老板家早已从我们村庄的贫穷户一跃成了数一数二的富足人家。胡老板的生活也是越折腾越开心，越折腾越自由，越折腾越幸福。

其实，生活中像胡老板这样喜欢折腾的人并不在少数。仔细观察身边的成功人士，你会发现，他们能够成功，往往在于他们身上这股爱折腾的劲。就像是现在最为人熟知的马云，当年是学校里的一名英语老师，拥有着一份令人羡慕的

“铁饭碗”。但他却偏偏不“满足”，选择辞职出来折腾互联网，折腾电商，才创造了现在的阿里巴巴电商帝国。再比如新东方培训学校的创始人俞敏洪，也是不安于现状，辞掉了北大的老师工作，出来创办了自己的专业学校，最终才获得了成功。

生活在这个物质资源富足的世界里，我们总是很容易会产生一种满足感。这种满足感会让我们感到安逸和舒适，会让我们产生一种似乎我们的生活和那些顶级人物的生活也是在同一水平线上的错觉。但其实，我们和他们之间的距离远到难以想象，远到超出你能够达到的认知范畴。

我们应该将每天的时间花费在听课读书而不是沉迷于手机中，将每天的时间用于健身跑步而不是胡吃海塞，每天都严格规划时间而不是每天懒懒散散。平日里看不到的这些小区别，其实正是造成差距的原因所在。很多时候，人与人之间的区别和差距并不在于天分和运气，而就在这每天一点一滴的小事上。当你懒于折腾，贪图享受的时候，希望你能够想起这样一句话：你未来的样子正是由当下的你决定的。你的所有努力，时间都能看得见。因此，保护好你心中那颗不安分的种子，不要将它随意丢弃，坚定地种下它，坚持地浇灌它。最终，一定会开出属于你的生命之花。

想方设法突破自我，拓展人生格局

很多人抱怨人生短暂，无法让自己大展拳脚，殊不知他们之所以拥有平庸的人生，并非因为人生的固有长度，而是因为他们被自己的内心禁锢住，无法真正突破自我，拓展人生的格局。

每个人对于人生都有自己的理解，也有独特的憧憬和与众不同的目标。然而，真正实现人生的愿景实际上并没有一定之规，正所谓条条大路通罗马，只要能够达到罗马的道路，就是正确的道路，就是可以选择的。所以对于人生的目标，我们也不应该故步自封，更不要自我限制。正如一位伟人曾经说过的，不管是黑猫还是白猫，只要能抓住老鼠的就是好猫。同样的道理，人生的道路千万条，生活的方式也多种多样，只要能实现人生目的，就是好的方式。总而言之，人不能固守于内心，而是要想方设法突破自我，拓展人生格局，才能在人生之中有超越期待的收获。

在七十岁那年，胡达·克鲁斯回顾人生时唯一的遗憾是没有攀登日本的富士山，从最好的角度欣赏漫山遍野的浪漫樱花。她被这样的遗憾折磨着，不管如何说服自己，都无法忽略这个遗憾。后来，她索性鼓励自己：我既然已经老了，就不

应该让人生留下遗憾，也许在未来，我真的能够亲自登上富士山呢！这样想着，胡达·克鲁斯开始学习登山。当人们看到她在古稀之年学习登山技术时，都感到不可思议，还有人认为老人根本不可能真正实现心愿。然而，胡达·克鲁斯不管任何人的态度，别人是反对还是支持，她都一如往常，继续以顽强的毅力进行艰苦卓绝的登山训练。

在长期的训练之后，胡达·克鲁斯的体能的确有所增强，为此她一次又一次向富士山发起冲锋，遗憾的是都以各种各样的原因导致失败。然而，她毫不气馁，依然不断锻炼和尝试，最终，在九十五岁高龄那年，她成功登上了富士山，成为世界上攀登富士山的人中最高寿的一位。当成功登顶的那一刻，她怀着激动的心情告诉富士山："我来了！"

仅仅是想一想，人们都会觉得以七十岁高龄再来学习登山技术，简直不可思议。然而，胡达·克鲁斯不但真正去学，还在九十五岁的时候，攀登上日思夜想的富士山顶峰。不得不说，胡达·克鲁斯创造了生命的奇迹，也让人们更加相信坚持的力量。

如果在遭到嘲笑之后就放弃，或者在尚未开始的时候就保持理性，认为凭着自己的高龄一定无法攀登到顶峰，那么胡达·克鲁斯就不可能创造奇迹，更不可能消除人生中唯一的遗憾。可以说，她的成功是因为她没有限制自己，也没有被年龄吓倒。因而才能在人生暮年，全力以赴去做好自己想做的事

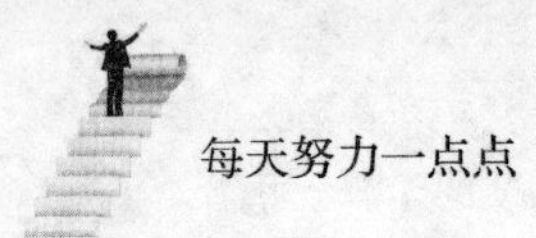

情，才能打破自我局限，让人生真正地腾飞。

很多人都觉得人生太平淡无奇，这不是因为命运的偏爱或者薄待，而是因为每个人对生命的态度截然不同。有的人遇到小小的挫折就退缩甚至放弃，自然一事无成；而能够在人生中有所成就的人，都是可以把失败踩在脚下当成阶梯，拾级而上的人。人固然不能狂妄自大，但是也不能自轻自贱，而要在客观认知自己的基础上，努力突破自我，激发自身潜能，这样才能给自己惊喜，激励自己创造生命的奇迹。

敢于奋斗、努力折腾，让自己不断地努力奋进

面对不那么令自己满意的人生，很多人推脱“我没有生在好时候”乍一看，这个理由简直无懈可击，因为没有人能决定自己何时出生，生在哪个年代，或者生在哪个家庭中。因而把人生中的不满都归于出生，那么就再也没有人能够说出指责的话来。殊不知，恰恰是这句话让当事者彻底放弃人生，也对人生疏于努力，因为他们已经为自己找到了最好的借口和理由，让自己继续懈怠和松散下去。

什么时候才是好时候呢？可以说从来没有人真心觉得自己生在好时候，这是因为生活中总是有太多的不如意。退一步来说，生在什么时候真的会决定一个人的一生吗？也许大环境对人的影响是不容忽视的，但是一个真正敢于奋斗、努力折腾的人，却从不会在安逸的生活中沉沦下去；哪怕外界的环境充满艰难坎坷，他们也总能找出理由激励自己，不断地努力奋进，最终活出从容潇洒的生活。

我们必须认清楚一点，那就是不要把人生的波澜起伏归咎于出生的年代不好，因为每个人的人生都把握在自己的手中，只有真正掌握命运，人才能驾驶命运的帆船远航。否则，哪怕出生的年代再好，如果自己不努力，也是完全没有办

法操控人生的。甚至很多时候，过于安逸的生活也会让人不愿意折腾，这是因为安逸磨灭了人的斗志。所以人们常说时势造英雄，因为在乱世之中，人被逼得不得不折腾，不得不努力奋斗，最终反而彻底扭转了命运。由此可见，被逼上绝路也并非是一件坏事。天无绝人之路，在绝路上，只要脑子活泛一些，也能够做出伟大的事业。

一直以来，妈妈都说自己没有生在好时候。她出生的时候国家贫穷困难，而她又生在一个子女众多的家庭中。为了响应上山下乡的号召，排行老三的妈妈义无反顾地去了新疆。妈妈在新疆整整待了十年，可以说新疆是她的第二故乡，她在新疆每天都辛苦劳累，不知道在辽阔的土地上挥洒了多少汗水和泪水。直到二十八岁，妈妈才回到了自己的出生地，回到了姥姥姥爷身边。离开新疆的时候，为了留有纪念，妈妈居然万里迢迢背回来一个大木墩儿，送给姥姥姥爷当菜板。如今我都已经二十多岁了，但是每当我想要抱起大菜板，却发现哪怕咬牙切齿，用尽全身的力量，也很难抱起来。我简直难以想象看似柔弱的妈妈当初是如何辗转万里之遥把这个沉重无比的大家伙抱回来的。

妈妈回到出生地之后，就进入一家工厂当工人，然而在辛辛苦苦干了二十多年还没等到退休的年纪时，妈妈就被工厂辞退了。说是辞退，实际上是内退，也就是说妈妈还可以照常拿退休金，但是在退休之前的这段时间里，妈妈却没有了薪

水，只能靠自己去养活自己。从这时开始，妈妈再也不说自己没赶上好时候，因为她已经无暇去说。面对着上大学需要学费的我，她只能四处奔波，寻找生路。她批发了很多衣服四处售卖，就连我们整个大家庭聚餐的时候，她都会带着几件样品去推销给兄弟姐妹。

有一段时间，服装不好卖，妈妈又开始卖化妆品。同样的套路，她再次走了一遍，然而这一次效果很不好。毕竟家里的亲戚朋友也许能照顾一次她的生意，却不能经常照顾她的生意。后来兴起了保险，妈妈就成为了全镇第一批保险业务员。刚开始时，她的保险业务推销得很不顺利，因为当时的人根本就没有保险意识，所以妈妈也只能靠着卖给亲戚朋友，勉强获得一些收入。此后，妈妈还在房产中介、职业介绍所、家政服务公司工作过。总而言之，妈妈绝对验证了生命不息，折腾不止那句话。

十几年的时间过去，妈妈终于熬到了退休的年纪，过上了踏踏实实的退休生活。虽然不用再为生活发愁，儿子也已经有了工作，拿着丰厚的薪水，但已经忙碌惯了的她此刻闲不下来了。她开了一家卖鲜花的店，为人们营造美好的生活空间。看着妈妈折腾的样子，我不由得感慨：也许正因为折腾，妈妈才能青春永驻吧！

“生命不息，折腾不止”，这句话并不只是针对年轻人的，而是针对每一个人。相比起很多成功的人，普通人的人生

也许更加平静安稳，但是成功者在真正获得成功之前一定都经历了大风大浪。一个人要想真正获得成功，首先就要突破自己，不要从内心深处禁锢自己。

越是沉迷于安逸，越是会畏缩不前

人都有趋利避害的本能，每个人都希望生活安逸无忧，而害怕生活动荡不安。在这种情况下，每当外界有任何风吹草动，他们都会觉得心惊胆战。人们更喜欢在毫无压力的生活环境中，安逸舒适地度过人生。但这种做法无异于埋没人生。一个人唯有把自己置之死地，才能证明自己的能力，也才能让自己更加从容坦荡。

人生真正的强者一定要跳出舒适区，勇敢地迎接人生的风雨和大浪。与其在人生中不断地沉迷，不如摆脱胆怯的个性，挣脱内心的束缚，让人生更加勇往直前。要想彻底摆脱庸庸碌碌的人生，我们就必须努力去尝试，不断地增强自身的实力。如果总是一味地沉迷于安逸，就会变得胆怯，也会畏缩不前。

大多数人都希望人生风平浪静，也希望自己能够克服对冒险的恐惧。殊不知，正是因为这样的恐惧存在，人们才能在人生中不断地前进，增强自身抵抗挫折和磨难的能力，也才能变得越来越成熟。其实对于每个普通的生命而言，唯有抛出心中的杂念，才能集中所有的精神和力量，成就勇敢、伟大的人生。

当然，人人都想把自身最完美的一面呈现出来，因此当人生遭遇坎坷波折而不能完美表现的时候，他们就有可能会放弃。但与其在困境中贪图安逸，自欺欺人，不如鼓起勇气，信心百倍面对人生。人生困境不会因为忽视它就消失。要成为真正的人生强者，我们一定要在人生中投入更多，勇往直前。伟大的成功学大师卡耐基曾经说过，在这个世界上，只有敢于尝试的人，才能让人生变得积极乐观。否则，一旦遭遇被动，人生就会陷入绝境。的确，不管是对于个人，还是对于整个世界而言，只有不断地变革，才能够取得伟大的进步。记住，一个人唯有跳出固有的生活，让自己站在制高点上，才能够成为当之无愧的人生冒险家，也才能够以星星之火燎原，从而让人生彻底地逆袭和改变。

法国作家大仲马在文学界享有很高的声誉，然而在年轻的时候他生活得并不顺利。因为家境贫困，年纪轻轻的他就不得不迫切地寻找工作，以便养活自己，也帮助父母养家糊口。他在巴黎努力了很久，却始终没有找到合适的工作。为此，他寄希望于父亲的朋友，希望父亲的朋友能够帮助他，让他尽快找到一份工作谋生。

为此，大仲马特意带着礼物去拜访父亲的朋友，并且表明了自己的需求。在听完大仲马的讲述之后，朋友很想了解大仲马的特长，因而问大仲马："你是否精通数学？"大仲马摇摇头，朋友又问："那么，你是否精通地理和历史呢？"大仲

马依然摇摇头。接下来，不管这个朋友问什么，大仲马都接二连三地摇头。面对毫无特长的大仲马，朋友不免感到纳闷："每个人都有自己的特长，为何这个小伙子没有特长呢？一定是因为他不能客观认识和评价自己，总是否定自己的。"为此，朋友要求大仲马认真想一想自己擅长什么，并且让大仲马留下联系的地址。大仲马当即拿出纸笔写下了自己的地址，写完之后就转身准备离开，这时朋友却像哥伦布发现新大陆一样惊喜，他惊喜地说："你写得一手好字呀！年轻人，你的前途一定不可限量！"听到朋友这么说，大仲马觉得自己的确变得与众不同起来了，从此之后，他开始尝试着进行文学创作，最终成为了举世闻名的文学家。

面对生活的磨难，大仲马感到非常自卑，他只期望找一份与自我评价相符合的工作来养活自己。甚至，他也不愿意挑战自己，只想要从事在自己能力范围内的工作。父亲的朋友借由赞赏大仲马的字，为大仲马打开了一扇新的大门，从而提醒大仲马，他也有着自己的长处，并且应该有更好的工作，可以做出更大的成绩。可想而知，大仲马在最初从事文学创作的时候，一定也经历了很多磨难，毕竟自卑并不那么容易消除。而作为一个自卑的人，大仲马也不可能马上变得强大起来。但是对于大仲马而言，唯有真正改变人生的舒适区，才能够激发自身的潜力，找到最适合自己发展的人生道路。

对于每个人而言，人生从来都不是确定的，而人生的神

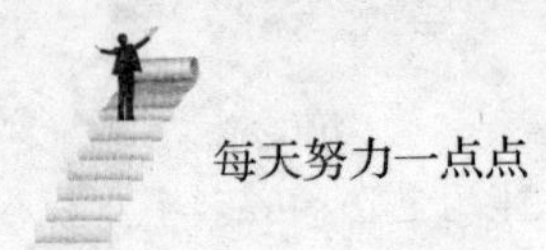

奇和魅力就在于它充满了不确定性。每个人只有勇敢地面对人生，品味人生的真味，才能彻底战胜发自心底的自卑，消除深深的恐惧感，从而在人生中以强者的姿态出现，把握命运。

第 03 章

足够努力时，你想要的一切都会随之而来

做到最好，才能如愿以偿

很多人都为是否应该继续努力而纠结，而即使已经开始努力，大多数人的努力都浮于表面，或者是为了安心，或者是为了面子，只有少数人的努力是有的放矢，坚持不懈的。所以永远不要抱怨命运，更不要对人生怨声载道，要记住，不是努力没有回报，而是你努力得还不够。当人生不如意时，我们首先要反省自己，让自己更加努力，做到最好。

对于每个人而言，生命都是公平的，没有人知道生命何时戛然而止，唯有把握生命的宽度，拓展生命的意义，才能让生命绽放更多的光彩。然而，总有些人说，人生已经失去了最好的时机，努力也变得毫无意义。实际上，人生不管何时开始都不算晚，努力不管何时开始都会有所收获。记住，努力从来不会太迟，最重要的是我们要始终有一颗积极向上的心。很多年轻人总想知道自己应该何时开始努力，很多年老的人也总想知道自己何时还能继续努力。归根结底，人们都想知道努力的时效，也想知道命运的归途。有一点是毋庸置疑的，那就是不管何时，我们的人生都要尽快启程。一味地拖延和等待，只会让人失去先机，陷入被动和尴尬的局面。

1860年，摩西奶奶出生在美国的一个农民家庭中。因为

家境贫困， 为了帮助父母养家糊口，她小小年纪就去有钱人家当女佣。后来，她结婚嫁人，和大多数普通而又平凡的家庭妇女一样，整日为了柴米油盐酱醋茶的事情劳碌奔波。在经过一番忙碌和辛苦之后，她每当有休闲的时间，就拿起绣花针开始刺绣，以此打发无聊的时间。然而，在76岁的时候，摩西奶奶因为严重的关节炎，膝盖疼得不能弯曲，再也无法安安静静地坐在那里刺绣了。

在女儿的建议下，摩西奶奶拿起画笔，开始作画。一个偶然的机会，她的画作被一个收藏家看到，那个收藏家收购了摩西奶奶所有的画，并且为这些画作举办了画展。很快，摩西奶奶的画就凭借着清新的画风，赢得了很多人的喜爱。她自从拿起画笔就笔不辍耕，在八十岁的时候，第一次在纽约举办了个人画展。此后，她更是爆发出创作的热情，成为一位大名鼎鼎的高产画家。直到101岁，摩西奶奶离开人世时，就连美国总统肯尼迪都为摩西奶奶致讣告词，赞誉摩西奶奶是“得到所有美国人爱戴的艺术家”。摩西奶奶用她的亲身经历告诉我们：任何时候，有梦想就去实现，做自己想做的事情，只要认真努力，就一定会有伟大的收获。

难以想象，在大多数年逾古稀者都开始养老的时候，摩西奶奶却以七十几岁的高龄拿起画笔，开始作画。更让人惊叹的是，她获得了很大的成功，也因此而成为深受美国人民爱戴、得到美国总统赞誉、举世闻名的伟大画家。和摩西奶奶相

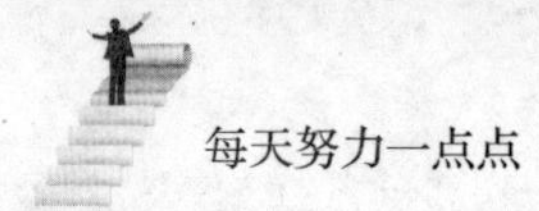

比，年轻人还有什么理由放弃自己的梦想，断言人生已经为时晚矣呢？太多人因为贪图人生的安逸和舒适，不愿意给自己任何小小的挑战，完全放弃努力，也因此变得颓废沮丧。

很多人也给时机附加很多条件，他们觉得只有大学毕业走出校园之后、成家立业之前的时间才能用来奋斗。他们总是说只有单身一人才是努力奋斗的好时机，否则一旦成立家庭有了孩子，就会分散精力。不得不说，这样的观点完全是错误的，因为一个人哪怕结婚成家，或者如同摩西奶奶一样孙辈都已经很大了，也依然能够努力。

每个人心中的希望都不应该被时间扼杀。对于不同的人而言，时间推进的速度也是完全不同的。对于有的人而言，时间过得飞快；对于有的人而言，时间过得很慢。任何情况下，时间都不会停滞不前，这也就注定了人生也不应该停滞不前。记住，时间既不会多得用不完，也不会少得不够用。时间对于每个人都是公平的，每个人对于时间珍惜的程度，决定了他们把握时间的力度。

归根结底，到底何时努力才不算晚呢？实际上，努力何时开始都不算晚。如果你能在青春正好的时候努力奋斗，那么你就会更加觉得人生充满了希望。退一步而言，假如你不小心浪费了宝贵的青春时光，也不必觉得沮丧绝望。既然何时努力都不算晚，那么就让我们充满信心，果断地开始努力，迈出人生的第一步吧！这样才无愧于人生，也才能让人生真正扬帆起航。

拼尽全力，绽放出人生的精彩

命运从来不会特别亏待一个人，也不会尤其青睐一个人。每个要想得到自己梦寐以求的生活，就要不断努力去争取。没有人能够轻而易举就过上自己想要的生活，这是因为命运从来不支持任何人不劳而获。当意识到必须依靠努力争取才能得到自己想要的一切时，你是选择落荒而逃，不愿意付出辛苦和努力，还是选择拼尽全力，从而让自己的人生绽放出更多的精彩呢？懒惰者选择前者，勤奋者选择后者。

当觉得生活枯燥乏味，或者距离自己梦想中的生活很遥远时，我们不妨努力一下，问问自己：我为何不能如愿以偿，是天赋不够，还是努力不够？如果一个人抱着笨鸟先飞的想法，在人生中总是能够抓住各种各样转瞬即逝的机会，那么他就能过上自己想要的生活。记住，客观存在的一切是无法改变，我们真正能够操控的是自己的心态。常言道，心若改变，整个世界也会随之改变。我们必须亲自去争取，才能获得想要的一切。

生活中，总有很多人觉得自己是这个世界上最不幸运的，也总觉得自己怀才不遇，一张口就是抱怨和牢骚。实际上，越是充满抱怨和牢骚的人，越是不愿意直面这个世界，也越是表现出逃避的态度。当一个人真正做到面对一切，那么他们就能够从容淡然，做到接纳自己，也悦纳人生。心无暴戾，努力才能心甘情愿，这是亘古不破的真理。

作为公司的新进人员，墨菲实际上是老总作为储备干部招聘来的。在同期进入公司的十个职员中，墨菲最不起眼，其他人都被各个部门的负责人挑选走了，唯独剩下墨菲没有着落。看到其他新同事都有了该干的事情，墨菲决定主动出击，去其他部门推销自己。然而，其他部门的负责人都委婉拒绝了墨菲，一则因为他们没有合适的岗位安排墨菲，二则也因为他们不太喜欢墨菲木讷的样子和直截了当的言辞。

屡屡碰壁让墨菲更是心急如焚。她傻乎乎坐在办公室里好几天，无事可干，主动帮忙也被同事拒绝。墨菲暗暗想道：我不能就这样把自己闲死，我必须非常努力，才能有事可干。到了中午，墨菲发现有些同事错过了午饭的时间，就随便吃点儿方便面，因而墨菲主动在午餐前去各个部门统计需要订餐的人数，为大家定制美味可口的饭菜。当同事们即使加班也不至于饿肚子之后，大家纷纷夸赞墨菲是个有眼力见的好姑娘。当然，也有的同事觉得墨菲的无事献殷勤可笑，毕竟公司并不需要一个专门订餐的人。然而，不管出于哪种心态，大家都记住了墨菲。最终，墨菲的举动引起领导的注意，也让领导意识到墨菲是个可造之材。没过多久，墨菲就第一个转正了，而且也因为和同事之间关系良好，墨菲在工作上如鱼得

水，不管需要与哪个部门合作都能得到很好的配合。

后来，行政部看重墨菲眼里有活，而且心思灵活，特意把墨菲提升为行政助理。虽然行政助理这个职位听起来很好听，但是做过的人都知道，本质上就是打杂的。很多人都不愿意担任这个职务，但是墨菲却毫无怨言，她不但包揽了办公室里所有的杂活儿，而且还把没有人愿意承担的工作也承担起来。渐渐地，墨菲对办公室的各项事务越来越熟悉，最终被领导提升为行政主管，成为了公司里不可或缺的重要人物。

对待工作，大多数年轻人的理想是尽量做最少的活儿，然后得到更多的薪水。殊不知，现代职场一个萝卜一个坑，根本没有这样的好事情能够轮到谁的头上。很多职场新人频繁换工作，总是得不到好的发展，就是因为他们眼高手低。如果能够像墨菲一样主动找工作承担，哪怕再辛苦和劳累也绝不抱怨，那么就能在职场上站稳脚跟，稳扎稳打开展事业。

老人常说，力气是用不完的。因而作为职场上的年轻人，一定不要吝惜自己的力气，而要竭尽全力为了工作打拼。记住，当很多人都不愿意做某件工作，而唯独你去做了，你就能在上司的心中留下好印象，也获得同事的认可。反之，如果一项工作人人都抢着去做，那么哪怕做得好了，也未必会有功劳，而且还因为想做的人挤破了脑袋，轮到谁还不一定呢！所以要想在职场上出人头地，一定要抓住机会，竭尽全力表现自己，展现自己的能力。

奋力拼搏，扛起一切艰难和挫折

现实生活中，每个人都想获得成功，都想成为自己人生的主宰。然而，人生并没有什么诀窍和捷径，一个人要想掌控人生，就必须真正参与人生，而不要始终站在旁观者的角度漠视人生。

大多数人都对人生都感到不满足，但失败者只会抱怨命运不公，最终对人生失去信心，而让自己沦为人生的旁观者。直到时间悄然流逝，青春年华不再来，他们才意识到每个人都必须对自己的人生负责。一个人越早知道自己在人生中的角色，越能够及时抓住人生中千载难逢的好机会，从而让自己更幸运。年轻的时候，如果你总是抱怨自己一无所有，那么你就错了，因为对于年轻人而言，一无所有反而是件好事，这能让你没有后顾之忧地去打拼、奋斗，你也才能够在面对内心的过程中不断强大起来。哪怕是最爱我们的父母，也不可能永远陪伴着我们，我们只能独自面对人生，自己扛起一切艰难和挫折。

当然，对人生感到愤愤不平的时候，也不要一味地只盯着人生中不如意的地方看。其实命运总是公平的，它在为一个人关上一扇门的时候，还会为这个人打开一扇窗。因而我们对

待人生要怀着更宽容的心态和更充足的热情，而不要总是假装生活一无是处。也许怀着感恩之心，我们就能看见命运更多的美好与善良。就像法国雕塑家罗丹所说的，这个世界上并不缺少美，缺少的只是发现美的眼睛。我们唯有以感恩的心面对这个世界，才能从容地得到更多。

小文是个文静的女孩儿，从小就喜欢做针线活儿，她总是跟着年迈的姥姥一起缝缝补补。姥姥看到小文的针线活儿越做越好，总是夸小文：“我们小文可真像大家闺秀啊。这手好活儿，要是放在古时候，提亲的人都会踏破咱家的门槛呢。”每当这时，才十几岁的小文总是非常害羞，依偎在姥姥的怀中，抱着姥姥的脖子撒娇。

原本，小文最大的理想是成为一名服装设计师，然而造化弄人，在高考时她没有考出好成绩，与美术学院的服装设计专业失之交臂。最终，她不得不选择了会计专业，好让自己掌握一个生存的技能。幸好她没有把服装设计扔下，而将其作为自己的爱好，始终刻苦钻研。

十几年过去了，原创服装越来越受到人们的喜爱和欢迎。尤其是淘宝的普及使得更多人喜欢在网上购买东西。由于小文女工出色，家里人都激励她开一家网店，专门卖原创服装。小文却觉得很为难，因为她对网络并不很懂，又因为一直从事会计专业，她觉得自己已经对女工有些生疏了。

有一天家庭聚会，表妹穿了一条独特的裙子，大家都觉得这个裙子的样式很好看。然而当听到表妹说出这条裙子的价格时，大家都不免咋舌。尤其是年迈的姥姥，撇着漏风的嘴巴说："你呀真是瞎花钱，你还不如让你表姐给你做呢，这衣服虽然样子好看，但是做工真不如你表姐。"表妹不由得嗤之以鼻："我表姐那是在家瞎玩儿呢，我这可是人家原创设计师亲手做出来的。"小文听到表妹的话可不乐意了，说："我可不是瞎玩儿，等着吧，我也去学学服装设计，将来一定能够做得比你这条裙子更好。"从此之后，小文一边工作，一边利用业余时间学习服装设计。一年之后，小文的服装作品在服装设计赛上赢得了三等奖。小文受到极大的激励，索性辞掉工作，专门参加了电脑培训班，也学习了在网络上开店的技能。很快，小文原创服装店就隆重开业了，因为小文设计的服装样式独特，做工精良，所以小文的生意越来越好，没出几年，小文就成立了自己的服装加工厂，把生意越做越大了。

事例中，小文阴差阳错与服装设计师失之交臂，然而，命运从来不会辜负任何一个人。在十年之后，小文还是再次拿起了针线和剪刀，成为了一名不折不扣的服装设计师，也最终成为成功的服装制造商。她找回了自己最喜欢的工作，这简直就是人生最大的幸运。

人生中的很多时候，我们都要与厄运作斗争，然而更多的时候，我们要顺应命运的安排，这样才能让自己在人生中事半功倍。在人生发展的过程中，我们应该意识到自己的天赋和

特长，而不要执着于弥补人生的短板。很多人都知道心理学上的木桶理论，意思是说一只木桶能装多少水并非取决于最长的那块板，而是取决于最短的那块板。因此，要想增加一只木桶的容水量，就要弥补木桶的短板，从而让木桶派上更大的用场。但是对于人生而言，木桶理论并非完全派得上用处。与其费力弥补自己的短处，不如抓住自己的长处和优点，从而发展自身的核心竞争力，让自己脱颖而出。

生活中，很少有人有那样的幸运，能够从事自己最喜欢的工作，即便如此，我们也不能浪费上天安排给我们的天赋。很多机会都是自己创造和争取出来的，所以我们更要把握好人生，让人生中绽放异彩。

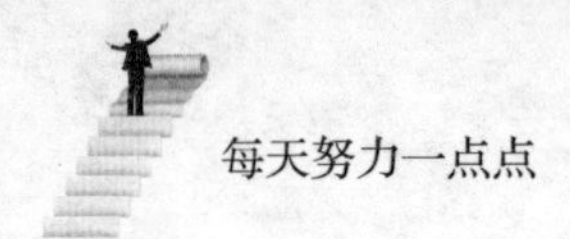

每次质的飞跃，都要经过长期的努力和坚持

很多人觉得自己的努力并没有得到应得的回报，也没有让自己过上想要的生活，实际上努力本身并没有错。如果努力没有切实改变你的人生，那么你就要想一想你的努力是否足够，你生命中最好的时机是否到来。唯有努力才能实现人生的飞跃，因为这个世界上没有不劳而获，更没有一蹴而就的成功。每个人的成功，每次质的飞跃，都是经过长期的努力和坚持才能换来的。

很多人都知道鲨鱼是海洋中的霸主，也是海洋中最强壮的鱼类。但是很多人都不知道的是，鲨鱼与大多数鱼不同，它没有鱼鳔。这就意味着鲨鱼不能通过鱼鳔来调节自己的沉浮，为了避免沉入海底，所以鲨鱼只能不停地游动。如果我们也是鲨鱼，缺少对于生存至关重要的鱼鳔，那么我们是彻底放弃，就这样等着死亡的到来，还是像鲨鱼一样不停地游动，甚至成为海洋霸主呢？ 仅就这个问题进行回答，相信大多数人都会选择后者，而真正去做的时候，懒散和懈怠会让大多数人都成为前者。因此，我们要努力地不断鞭策自己，让自己奋勇向前，取得质的飞跃。

有一个年轻人从小家境贫困，没有钱读书，然而他并不

甘心于永远生活在农村，当一个默默无闻的农民，为此他背起行囊去了遥远的大城市，想为自己寻找一份合适的工作。但是大城市并非像年轻人想象中那么美好，工作的机会也并非随处可见。经过了很长时间的努力，年轻人也没有给自己找到合适的工作，反而经常遭遇城里人的嘲笑和鄙视。年轻人心灰意冷，决定要离开那座城市。然而，他还是心有不甘，觉得自己辛辛苦苦来到大城市，却没有得到应得的对待，为此，他决定在离开之前给大名鼎鼎的银行家罗斯写一封信。在信中，他表达了自己的理想和志向，也抱怨了命运的不公。为了等待罗斯的回信，年轻人继续留在旅馆里。他要多住几天，因为他相信罗斯会给他回信。然而几天的时间过去了，罗斯的回信始终没有到来，年轻人却已经身无分文，他不得不背起行囊准备离开。

就在此时，年轻人收到了罗斯的回信。在心里，原本年轻人一直期待着罗斯能够慷慨地帮助他，给予他深切的同情，却没想到罗斯丝毫不同情他，也没有准备帮助他。罗斯告诉年轻人，海洋中的鲨鱼因为没有鱼鳔，所以才能成为海洋霸主。这是年轻人第一次听说关于鲨鱼没有鱼鳔的事情。在此之前，他不知道鲨鱼居然没有鱼鳔。年轻人想了很久，决定像鲨鱼一样给自己新的生机。他放下行囊，决定留在城市。他告诉旅馆的主人他可以不要薪水在旅馆中工作，而只要给他住宿的地方和食物即可。旅馆主人看着强壮的年轻人当然很高兴，如此廉价的劳动力，任谁也不会拒绝的。就这样，年轻人留了下来，从此之后展开了人生的新篇章。十年之后，这个年轻人成为美国大名鼎鼎的富豪，他就是石油大王哈里。他不但开拓了自己的事业，在大城市站稳了脚跟，而且得到了银行家罗斯的认可和赏识，娶到了罗斯的女儿当妻子。哈里一直都非常感谢罗斯，如果不是罗斯为他讲述鲨鱼没有鱼鳔的故事，也许他早就回到家乡做一辈子的农民了。

每个人都有自己的理想，然而理想不会自己实现。要想改变自己的人生，实现自己的理想，只有非常努力。

你要知道如果鲨鱼在发现自己没有鱼鳔时只顾着抱怨，那么它早在几亿年前就已经彻底灭绝了。当你努力达到一定的程度，就能够把自己的短板补足，甚至使其成为长板。想一想鲨鱼的人生经历，你就会知道自己该怎样实现人生的飞跃。

努力上进，才能在成长道路上获得更多选择

在现实生活中，每个人都有很多欲望，都希望能够获得更多。也有很多人总是抱怨自己付出得太多，得到得太少。实际上，命运总是公平的，它在给人关上一扇门的同时，还会给人打开一扇窗。最重要的是，我们一定要非常坚持努力，才能在成长的道路上更多地成就自己。任何时候，人生都没有回头路可走，只有不断地努力上进，持续进取，我们才能在人生的道路上收获硕果，也才能在成长的道路上拥有更多的成长机会，也获得更多的机会和可能。

作为普通人家的孩子，我们虽然没有含着金汤匙出生，也许努力奋斗一生也无法达到富贵人家的孩子一出生就拥有的高度，但是这并不意味着我们要放弃，也并不意味着我们一定不会成功。人生中，每个人都有独属于自己的生命机缘，也有独属于自己的成功，一定要全力以赴做好该做的事情，才能在未来更加努力上进。还需要注意的是，人生是可以逆袭的，最重要的在于我们的心要始终坚持进取。否则，即便机会摆在你的面前，你也未必能够抓住它，更不可能真正成功。

作为一家公司的前台文秘，罗丹非常努力，总是竭尽所能把该做的工作做好。每当工作清闲的时候，她还会主动为办公室里的同事服务。这段时间，正值公司的销售旺季，因此整个公司的人都非常忙碌，不管是策划部、销售部，还是后勤部，都如同陀螺一样转个不停。罗丹在前台不那么忙碌的时候，就会去各个办公室里帮忙做些力所能及的事情。后来，罗丹发现大家一旦忙起来就会忘记吃饭，等到要吃饭的时候，又没有可口的饭菜可吃。罗丹灵机一动，联系了几家比较优质的快餐，要来菜单，每天中午11点多的时候，就会挨个部门统计订餐，保证大家在12点左右都能吃到美味可口的快餐。渐渐地，罗丹对于同事们的口味也非常了解，很多同事甚至直接把订餐的任务交给罗丹，由罗丹代为完成。罗丹也总是不负众望，把订餐任务完成得很好。后来，罗丹成为整个公司里最不可或缺的人物，也得到了同事们的一致认可与好评。

等到公司里需要一位办公室主任的时候，参加竞聘的罗丹获得了最高的投票，直接从前台文秘晋升为办公室主任。晋升之后的罗丹丝毫没有骄傲，依然尽心尽力为同事们订餐，工作上自然也得到了同事们的大力支持，发展得顺风顺水。

任何时候，人生都需要用心经营，才能得到收获。在如今的职场上，有很多年轻女孩都和罗丹一样是普通的文职人员，但是为何罗丹能够脱颖而出，她们却不能呢？这是因为罗丹很用心，而她们却从来不会对工作付出更多的辛苦与努力。

没有人能够给予你想要的，即使作为父母，也只能尽量

去照顾你，而不能给予你更多的未来。记住，人生没有回头路可以走，对于每个人而言，人生只有一次机会，既然如此，我们就要在人生中奋力前行，唯有如此，才能更加积极地畅行人生，也才能在人生中事半功倍。

拼搏奋斗，是为了更从容地应对人生

人为什么要追求金钱呢？是为了让自己在消费的时候不至于因为对钱斤斤计较，而无奈地放弃很多东西。人为什么要追求权势呢？是为了让自己在遇到难处的时候，可以凭着权力获得想要的尊严。在现实生活中，每个人对于人生都有不同的追求，也有不同的目标，归根结底，不管人们因为怎样的目标而努力进取、拼搏奋斗，都是为了获取选择权。

在电影《我不是药神》中，有钱人因为有钱，可以吃进口的特效药，维持生命，有尊严地活着；没钱的人因为吃不起进口药，却又想活着，所以只能绞尽脑汁去买印度的仿制药。我们固然要同情穷人，却也要更加主动地反思自己："究竟要怎么做，才能拥有更多的选择权，主动地面对人生，在遭遇人生困境的时候能够保持尊严呢？"

面对人生，我们要未雨绸缪，在人生的历程中主动地激发自己的潜能和动力，也让自己在人生道路上收获更多，积累更多，也有更多的选择权。

大学毕业初入职场的时候，他们都是不折不扣的菜鸟，即使做简单的工作也会出现各种错误，因而被领导批评得狗血喷头。对此，他们一个觉得自己的确应该被批评，一个觉得自

己并没有那么糟糕，因而愤愤不平。他们一个叫小张，一个叫小王。

3年的时间过去了。在整整3年的时间里，小张一直都在努力进取；而小王呢，则总是不思进取。每个周末，小张都在上各种各样的培训课程，小王则忙着玩网络游戏。每天下班之后，小张会常思己过，争取在工作上有更好的表现；而小王呢，却总是抱怨公司的平台不好，也常常产生跳槽的想法。终于，有了一个非常好的机会，老总要去国外出差，但是缺少一个随行的翻译。因为是临时决定要出差的，所以虽然找了几个翻译社，但是大多数翻译都不懂得商务英语。这个时候，小张自告奋勇："老总，我跟您去出差吧，我英语八级，也懂商务英语。"老总很惊讶："这个小子3年前还总是被批评呢，入职的时候也没听说他还过了英语八级，并且懂得商务英语啊！"然而，小张马上说出一口纯正的英语，而且还拿起公司产品的说明书用英语读了起来。对于小张的表现，老总简直惊讶极了："小张，人家都说士别三日当刮目相看，你这没有别了三日，也要刮目相看啊！"小张忍不住笑起来，说："我有今天的进步和成长，都是因为您。有一次我被领导批评，您路过的时候对我说：'小伙子，你将来有多少选择，人生就有多少成就，希望你不要一直这样蔫头耷脑地只有被批评的份儿。'"老总情不自禁地对小张竖起大拇指，说："的确，我是这么说的，你居然记

住了。”

小张真诚地看着老总，说：“老总，我想有选择，也希望您给我机会展示全新的自己，也让我得到选择的机会。”老总当即点头同意让小张一起去国外出差，而且回来之后就给小张升职加薪，让小张担任自己的助理。老总对小张说：“小张啊，你现在得到的一切，都是你自己努力得来的，继续加油，我看好你！”

小张和小王都是大学毕业后进入公司，都因为缺乏工作的经验导致哪怕从事很简单的工作也总是错误百出，因而被领导狠狠地批评。但是，小张和小王对于这件事情的处理态度却不同，小张更加努力勤奋，而小王却总是愤愤不平，也很排斥和抵触。最终，小张意识到要想有更多的选择就必须非常努力，也只有拥有更多的选择，才能在人生中获得更为开阔的天地。但是小王却始终自我放弃、贪图享乐，最终小张成功在老总面前亮相，也在关键时刻救了老总的急，因而得到老总的赏识和提拔。而小王却始终默默无闻，也许最终非但跳槽不成，甚至还可能被公司辞退呢！

任何事情，都要未雨绸缪。不要因为怕辛苦，就总是把很多事情拖延着不愿意去做，只有更加努力和勤奋，把该做的事情做在前面，人生才能不断地努力进取，获得更好的收获和成长。记住，天上不会掉馅饼，你所看到和羡慕的成功者并非天生成功。所谓天道酬勤，对于每个人而言，不够聪明没关

系，只要不忘初心，砥砺前行，也不吝惜付出泪水和汗水，就能从容地应对人生，也能全力以赴做好该做的事情，最终活出独属于自己的精彩和辉煌！

第 04 章

制订计划，无方向的忙碌只是在做无用功

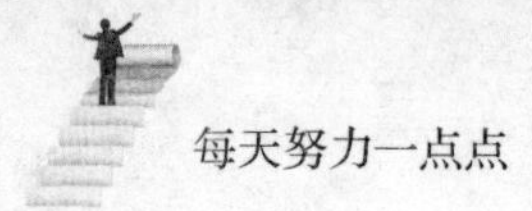

为自己设定一个适合的目标，然后更准确地行动

行动之前要有目标，但仅有个目标还不够，在把理想铺铸成现实的道路上，我们还应该做好规划。规划不仅是一种前景目标、一张蓝图而已，它更是你行动的路线图。在现实生活中，我们经常听到“只有想不到，没有做不到”“野心有多大，成就就有多高”这样的言论。很多人片面地理解这些激励人心的话语，总以为只要激情高涨、拼搏忙碌，成就一番事业就是自然而然的事情。殊不知，激情和拼搏只是一种动力，如果努力没有用在正确的地方，结果也只是白费功夫。

古语云：凡事预则立，不预则废。目标是可以看得见的靶子，每个人都能看到，大家都在朝它开枪，但并不是谁都能打得快和准。目标是人生拼搏的战略，至于如何规划朝着既定的方向迈进就是战术问题了，比如你的愿望是登上前面那座山，就应该考虑好什么时间要到达什么地方，一块山石，一棵大树，就是你下一站的指引。

为自己设定一个适合的目标，然后想办法实现目标。而把目标分解开来，化整为零，变成一个个容易实现的小目标，然后将其各个击破，是实现终极目标的有效方法。很多时候，我们在规划人生时感到困难不可逾越，成功无法企及，正

是因为目标显得离自己太过遥远而令自己产生畏惧感。

我们可以总结出这样一句话：从大处着眼，从小处着手，化整为零地循序渐进。不要妄想自己能一步登天，一下子便成为一个亿万富翁。有目标、有憧憬是好事，但善于规划才是硬道理。

一些人做事之所以半途而废，并不是因为难度高，而是因为他们认为现实距离梦想太远。若把长距离分解成若干个短距离，逐一跨越，那么就会轻松许多。而目标具体化可以让你清楚当前该做什么，怎样才能做得更好。

心中有了这一系列规划的人，表面看来和以往的他也没什么不同，但是因为眼光看得远了，再做起事来就有了责任心和主动性，他会完全脱离那种得过且过的生活状态，他的才能也会得到最大程度的发挥。

方向不对，再多努力都是徒劳

有句话说得好：方向不对，努力白费。或许，你每天都在加班，工作起来从来不惜力，甚至还是一个彻头彻尾的完美主义者，但是最后却是毫无所获。如果不幸言中，你就要考虑一下，你在持续努力之前，是否选对了方向。当我们在穿衣服系扣子的时候，如果第一颗纽扣扣错了，那下面的扣子肯定会跟着出错。人生是一样的道理，如果我们选择的方向不对，那不管我们付出多少倍的努力，最终的结果都是白费。甚至，我们付出的努力越多，就会离自己想要到达的地方越远。

只知道跟在别人身后漫无目的地奔跑，是很难成功的。现实生活中，是否也有很多这样的人呢？拥有自己的方向，并懂得正确努力的人，才会在生活这唯一一次的竞赛中取得优异的成绩。

威廉是一个十分勤奋的青年，他特别希望在各个方面都超越别人。但经过多年努力，他依然没取得什么成绩，他对此感到迷茫，希望智者能为自己指引一个方向。

智者叫来自己的三个弟子，嘱咐弟子们把威廉带到山上，尽可能多地打柴火回来。于是，威廉和智者的三个弟子沿着门前的江水直奔山上，智者则在门前等他们。

过了一阵子，首先回来的是威廉，他扛着两捆柴火，智者让他在一边休息。不一会儿，智者的两个弟子也扛着柴火回来了。最后回来的是小弟子，他从江面上驶来一个木筏，上面载着八捆柴。威廉看见如此情形，解释说："我刚开始就砍了六捆柴火，扛到半路，走不动了，只好扔了两捆；又走了一会儿，还是感觉柴火压得自己喘不过气来，又扔掉两捆。最后我就只把这两捆柴火扛回来了，但是，大师我真的已经很努力了。"这时大弟子说："我和他刚好相反，刚开始，我们俩各自砍了两捆柴火，我和师弟轮流担，觉得很轻松，最后，我们还把这位施主丢弃的柴火都挑了回来。"这时小弟子说："我个子矮，没什么力气，这么远的路程，就是一捆柴也无法挑回来，所以，我选择走水路，自己造了一个竹筏，结果就这样回来了。"

智者听了，微微颔首，然后走到威廉面前，拍着他的肩膀，语重心长地说："一个人要走自己的路，无可厚非，关键是如何走；走自己的路，让别人说，也无可厚非，关键是你走的路是否对。年轻人，你要永远铭记：选择方向比努力更重要，选错了方向再努力也是白费力气。"

人生有很多条道路，路到尽头，我们就应该及时转弯。积极地开发自己、调动自己的积极性、执着地努力，这些都是人应该坚持的不二法门。在这中间，还应该着重注意：选择正确的方向，始终正确地努力，不要只顾盲目地奔跑，而失去了思考的能力。

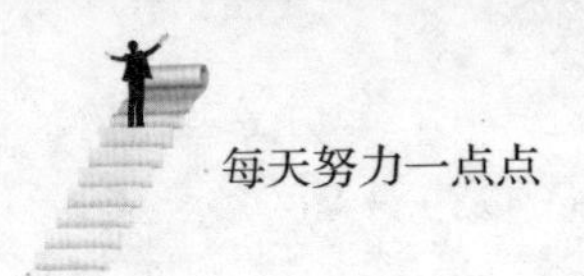

未雨绸缪，预知未来最好的办法就是做好准备

古人似乎已经习惯了命运无常，所以他们才会说，祸兮福之所倚，福兮祸之所伏。这就是在告诉人们，福祸相依，不要因为有福就盲目乐观，也不要因为灾祸的到来就沮丧绝望。很多情况下，祸福之间是能够相互转化的，就如同塞翁失马里的塞翁，先是失去了马，后来又无缘无故地得到一匹马，眼看着儿子摔断了腿，儿子最终却因此而避免去战场上，侥幸保住了性命。命运反复无常，谁也说不准下一刻等待自己的是好运还是厄运。在这种情况下，如何坦然地面对生活呢？既然无法预知未来，最好的办法就是做好准备，这样才能做到兵来将挡，水来土掩，才不会因为意外的发生而手足无措。

生活中有很多必需品，对于这些必需品，在有能力的情况下，最好尽早置办。比如有些人在生活富足的时候无限挥霍，而等到经济拮据时，马上就会食不果腹。很多居家过日子的人都讲究家底子，家底子厚实，即使有点儿风浪，也能坦然度过。相反，如果家底子很薄，那么哪怕是小小的风浪，也会使人难以承受。其实，不但一个家庭需要厚实的底子，就算是一个人，也应该时刻做好准备。生活中并非所有的厄运都是

毫无征兆地到来的，很多事情原本可以预估，也能够未雨绸缪。在这种情况下，如果你还做不到提前谋划，那么只能说你是一只可悲的“寒号鸟”，注定要葬身于命运的寒冬。

在炎热的夏季，寒号鸟每天都到湖边散步，对着湖水欣赏自己美丽的倒影，沾沾自喜。转眼之间，夏季过去了，秋天到来，森林里落下了厚厚的叶子。寒号鸟觉得有些冷了，看到松鼠们都开始储备过冬的粮食，它却不以为然，依然自顾自地美丽着。再后来，冬天来了。寒号鸟在凛冽的寒风中无处藏身，冻得瑟瑟发抖。它好不容易才找到一处岩峰，就藏在里面躲避寒风。

这阵寒潮过去之后，天气晴朗，阳光明媚。喜鹊早早起床，飞来飞去，衔来了很多枯枝，为自己准备过冬的巢穴。寒号鸟呢，似乎已经忘记了前几天的寒冷，白天只顾着出去玩，等到夜晚降临，就躲进岩缝里过夜。一天清晨，喜鹊劝说寒号鸟：“寒号鸟，趁着天气好，赶快筑巢吧，不然冬天肯定会被冻死的。”寒号鸟不以为然地说：“我才不呢！我要趁着天气好，好好玩玩。”很快，又一场寒潮带来了严冬。在呼啸的寒风里，喜鹊躲在温暖的巢穴中安然入睡，寒号鸟却在岩缝里冻得瑟瑟发抖。它整夜都在哀嚎：“真冷啊，真冷啊，明天就筑巢，明天就筑巢。”次日清晨，寒风退去，阳光明媚，喜鹊再次劝说寒号鸟，让它赶紧筑巢。寒号鸟呢，晒着温暖的太阳睡到正午，下午又忙着去湖边玩耍， 还是没有筑巢。直到

森林被白雪覆盖，寒号鸟在哀嚎中失去了生命。

寒号鸟的故事，相信很多人在小时候就曾听说过。虽然这只是一个简单的寓言故事，但却为我们揭示了一个深刻的道理。任何时候，我们都必须要未雨绸缪，才能迎接命运不期而至的寒冬。

在20世纪80年代，三姑家属于最早富起来的那拨人。三姑夫承包了很多鱼塘，不但养鱼，还养了很多海虾。在我的印象里，我最盼望着三姑来我们家，因为三姑每次都会慷慨地给我一块钱。在那个冰棍一毛钱一根的年代，一块钱可是不小的财产呢！当然，逢年过节的时候，三姑甚至会给我两块或者五块钱，简直让我欣喜若狂。

有一次聊天，我听到爸爸对三姑说："三姐，你跟三姐夫商量商量，趁着手里有钱，把房子翻建吧。你看你家是两个儿子，又在农村， 房子建好了，以后孩子长大了也好娶媳妇。不然万一这些钱用光了，到时候想再翻建房子可就难了。"三姑答应得很好，说回家就和三姑夫商量。然而，过去了很长时间，三姑家里也没有翻建新房。几年之后，三姑家突然就没钱了，原来三姑夫赌博，把钱都输光了。就这样，三姑一家从最有钱变成了最穷，房子始终没翻建。直到儿子们都长大要娶媳妇了，三姑夫才着急起来。这时，他和三姑都已经老了，也没有那么大的能力了，只能为当初有钱时没有翻建房屋而后悔不已。

在有钱的时候，三姑和三姑夫并没有先把重要的房子修建好，等到几年之后家道中落，再想修建好房子就很困难了。虽然我们未必要趁着有钱就修建房子，但是道理却是相通的。不管你在哪里生活，也不管你处于社会的哪个阶层，在有能力的时候，一定要分清楚事情的主次先后，先把最重要也最急迫的事情做好，这样才能免除后顾之忧。

没有人的一生会永远一帆风顺，每个人都会遭遇挫折和命运的无情捉弄。我们无法预知命运，那么就要把握好能够把控的一切。对于可以预知的风险，及早防范。对于无法预知的风险，就要尽量提升自己的能力，提高对风险的抵抗能力。只要你做足准备，就不会在命运的寒冬到来时，成为手足无措的寒号鸟，最终冻死在瑟瑟冷风里。

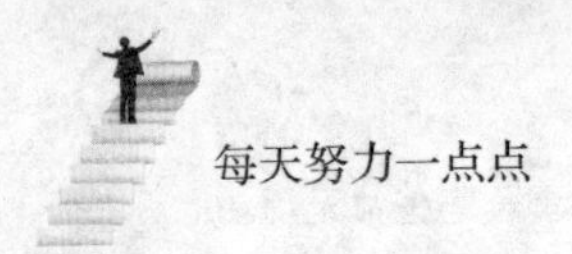

有方向地努力，才能避免无效忙碌

现代社会正处于飞速发展的时代，几乎每个年轻人都发自内心地渴望成功，渴望拥有辉煌的人生。然而，命运总是捉弄人，很多人即便付出了努力，也依然与成功绝缘。为此他们开始抱怨命运，抱怨人生的不公平，也抱怨自己的运气不够好。殊不知，成功并非完全取决于天时地利人和，更多的时候，如果我们的努力没有方向，就会导致事倍功半、事与愿违。如此一来，我们自然会与成功渐行渐远，甚至彻底与成功绝缘。

一个人只有真正认识自己，客观评价和分析自己的能力，才能认清楚人生的方向，也才能找到人生的目标所在。所以，当你总是与成功失之交臂，千万不要抱怨成功从不青睐你，而要反思自身，更加有成效地付出，这样我们的努力才能起到事半功倍的效果。

作为一名兼职的编辑，娜娜的主要工作就是与文字打交道。当然，随着时间的流逝，她的文笔越来越老练，也因此有了稳定合作的图书出版公司。有段时间，娜娜在朋友的介绍下认识了一家图书出版公司的总编。在与总编第一次合作时，娜娜主要负责为总编深度整合与改写关于丘吉尔的文稿。对于这

份工作，娜娜颇有些小聪明，在给总编样稿的时候，她特意没有用出十分的力气，而只用了五六分的力气。原来，娜娜认为：倘若我一开始时就主动按照高标准、严要求完成稿件，那么也许总编会更加得寸进尺，因为他总是要提出一些意见的。相反，假如我只花费五六分力气就完成样稿，万一侥幸通过，接下来只需要按照样稿水平即可完工，还能省点儿力气呢！

正是出于这样的想法，娜娜对于样稿并没有像平日里工作那样百分之百地投入，其实她也很奇怪，因为她对待工作一向严肃认真，一丝不苟，不知道这次怎么就萌生了偷懒的想法！果然，她交上去的样稿通过了总编的审核，在接下来的工作中，她始终付出五六分的力气。然而，等到真正通稿完成之后，总编看完稿件却说完全不合格，都要重新来过。娜娜简直觉得世界末日，这可是几十万字的稿件啊，如果重头来过，那可比一开始就花费十分力气做好要付出更大的成本。为此，她非常犹豫纠结，最终却因为事情已经无法改变，不得不硬着头皮花费了一个多月的时间，重新梳理稿件，加工完善。最终，娜娜花费在这个稿件上的时间远远超出了其他稿件。她懊悔不已，发誓以后再也不自欺欺人了。

在这个事例中，作为资深编辑，娜娜完全知道稿件需要加工到怎样的程度，也很清楚如果稿件质量不过关的后果，但是她却不知道头脑里的哪根筋搭错了，非要以身试法，最终得

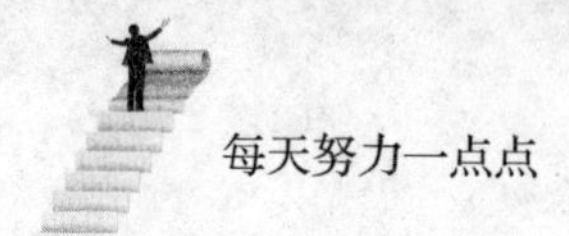

不偿失。她不仅要为了弥补错误付出更多，还会因此给主编留下不好的印象。对于这样的结果，她只能哑巴吃黄连，有苦说不出。

生活中，职场上，我们总是看很多人行色匆匆，似乎自己是全世界唯一日理万机的大忙人。然而最终他们并没有取得多么伟大的成就，甚至连最基本的工作都做不好，这到底是为什么呢？究其原因，很多人的忙碌实际上都是瞎忙，努力也是毫无成效、事倍功半的。因而尽管他们看起来一刻也不得闲，但是效果着实不好。

其实，与其自欺欺人、忙忙碌碌地度过一生，不如调整自己的心态，理清思路，哪怕只做一件事情，也要把这件事情做到极致，才能最大限度地发挥我们自身的能力。曾经有人这样评价那些看似忙碌实则瞎忙的人，说他们是因为无能，所以必须依靠不停地忙碌来证实自身的存在感和价值感，从而逃避自己的无能。不得不说，这样的总结真是一语道破天机，使人们在疼痛中醒悟，也从顿悟中反省人生。

真正努力的人也许看起来并不是那么忙碌，他们该忙的时候忙，该闲的时候闲，根本不会为了工作放弃生活，也不会因为生活中琐碎的事情占用自己所有的时间，导致没有时间消遣。他们深深懂得劳逸结合的道理，因而能够在最短的时间内高效地完成很多事情，从而让自己拥有更多自由自主的时间，也获得更好的发展，成就精彩的人生。

先接纳失败的事实，才能从中获得经验和教训

什么是失败？失败是一块试金石，它可以鉴定出你是否是金子；失败是一面镜子，在它面前，有人悲观颓废、自暴自弃，有人乐观开朗、积极向上。其实，已经过去的事情无可挽回，如果在错过月亮的时候你还在哭泣，那么你很快就会错过星星。我们必须对失败有个清醒的认识，不要经不起失败的打击与碰撞。我们应该明白，没有人永远都是成功的，失败是很平常的事情。我们必须坦然接受失败的事实，认真分析、审视自己受挫的过程，多多寻找方法，克服生活中存在的问题。只有在跟失败的决斗中无所畏惧的人才能打败它，走向成功。

李云和鹏鹏是邻居。平日里鹏鹏总去李云阿姨家里玩。一天，李云阿姨晚上下班回家，看到8岁的鹏鹏一个人坐在街角，就连忙过去问他怎么了。鹏鹏看到李云阿姨，眼泪一下就止不住了，他说："阿姨，我爸说，今天的考试如果拿不到前三名，就不让我回家。"

李云连忙安慰他说："怎么会不让你回家呢，你爸爸只是想要激励你，让你获得好成绩。"鹏鹏擦着眼泪说："你不知道，这次考试，我真的不应该失败的。我一直都是班里最好的。我真的没有想到，怎么会这样呢？阿姨，你说，到底哪里

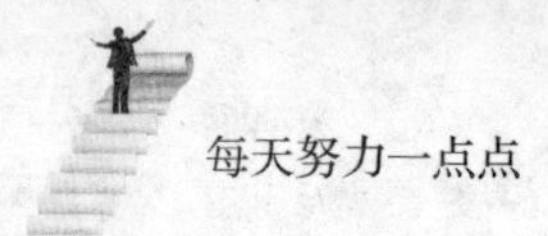

出了问题呢？”

李云只好对鹏鹏说：“鹏鹏，许多伟人都会面临失败，不可能每次都成功，大家都有发挥不好的时候，不要把这件事放在心上。你爸爸也不会真的不让你回家。”说着李云就拉着鹏鹏的手，往他家走去。

当李云敲开鹏鹏家的门时，鹏鹏的妈妈正拿着电话，见到鹏鹏，立刻对着电话大喊：“老公，鹏鹏回来了。李云把他送回来了。”隔得很远，都听得见鹏鹏爸爸的叫喊声：“宝贝儿子，你怎么这么晚才回来？你要吓死爸爸吗？”

李云接过鹏鹏爸爸的电话，向他报平安，并委婉地告诉他不要强求孩子，但鹏鹏爸爸说：“不是吧？我根本就没有说过这话，也从来没有强求过孩子要获得什么好成绩。鹏鹏这孩子就是耐挫性特别差，一遇到点问题就受不了。这可怎么办啊？”原来，说不让回家居然是鹏鹏的幻想，他强行给自己订下一个高目标，并给了惩罚的标准。也许，他以为自己很轻松就能完成这个任务，所以结果出来之后才那么难以接受。

是的，不光小孩子这样，就连一些年纪大的人也抵抗不住失败的打击。人生的路途很长，如果因为一点小失败就萎靡不振，那以后的日子该怎么活啊？朋友们，我们要有一定的耐挫力，学会接受生活中的挫折与失败。

美国考皮尔公司前总裁F.比伦曾说过：“失败也是一种机会。若是你在一年中不曾有过失败的记载，你就未曾勇于尝试

各种应该把握的机会。”是啊，失败是成功的必经之路，一次次的失败就是通往成功的一个个里程碑，只有从失败中吸取教训，总结经验，才能让我们不断成长前行。失败并不代表着结束，而恰恰是人生的一个新的起始点。当你失败的时候，请你不要止步不前，你要放慢脚步寻找失败的原因，这样你接下来的步伐才会更加有力。

第 05 章

厚重的人生，能接纳人生走过的每一步路

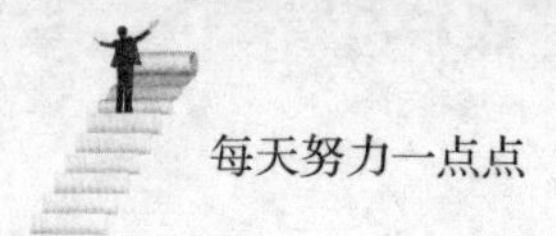

坦然接受人生的各种经历，人生才会绚烂夺目

很多人都在追寻幸福的滋味，却始终不知道幸福的真谛到底是什么。的确，人生不会永远都是幸福，正如天气有阴晴圆缺，人生也有喜怒哀乐。也许有的人会祈祷自己一生之中都只感受到幸福的滋味，殊不知，如果生命中只剩下幸福，也就无所谓幸福了。正如在丑的衬托之下，美才更加绚烂夺目，也正是因为有了不幸，幸福才显得那么引人注目，也让人倍感欣慰。

其实，不幸的还是幸福的经历都是宝贵的人生财富。记得有位名人说，痛苦使人深沉。的确如此，人生要想变得厚重，就必须经历痛苦的磨难。痛苦会使人在短时间内成熟起来，使人变得深刻。因而我们必须坦然接受人生的各种经历，让它们在时间的沉淀下成为人生中厚重的基础，也使我们的人生变得深刻凝重。

站在相亲的舞台上，小敏心中满是忐忑。和大多数女孩不同，她不是单身贵族，而是一个单亲妈妈。她有过短暂的婚姻，因为丈夫的出轨，她毅然决然地结束了婚姻，一个人独自抚养女儿5年。现在女儿已经5岁了，面对活泼可爱的女儿，她既不想失去自己一生的幸福，也想要给女儿一个完整的家

庭，所以才鼓起勇气走到这个舞台上。

看着身边的小姐妹一个个被牵走，她不由得心急起来，也开始质疑自己的决定。在这个时代里，像她这样的单亲妈妈真的能够找到属于自己的幸福吗？ 就在她的内心开始动摇之际，主持人告诉她：坚持下去，你一定能够找到梦想中的幸福！就这样，她坚持站在舞台上，只想有一天能够找到自己的意中人。如此又过去几个月，终于有一个优秀的中年男士专程为她而来。这位男士同样也有短暂婚史，不过没有孩子。为了打动她的心，男士真诚地说："我们都是结过婚的人，也一定知道如何才能让自己获得幸福。每一种经历都是人生宝贵的财富，相信懂得珍惜的我们一定不会再错过彼此。" 如此真诚而又简单的话语，让她不由得潸然泪下。她感动地把手伸给男人， 说："希望我们能一生一世地走下去！"

有过婚姻的人也许更能够懂得幸福的真谛，也更了解让对方和自己获得幸福的方法。很多时候，幸福只是一种感受，与客观的物质条件并无关系，我们唯有哭过痛过，才更知道爱情的可贵，也更懂得珍惜婚姻。

活着，永远也不要因为曾经的经历而后悔，也许今天的你看待那段不堪回首的过去觉得难以面对，但是等到明天你就会因为那段经历更加懂得感恩和珍惜，也因此得到更多的幸福。凡事都应该辩证地看待，人生也是如此。有些经历也许给

我们留下了不愉快的记忆，但是也同时会给我们的人生带来帮助和提升。归根结底，我们只有摆正心态，才能正确对待这些人生经历。

找到自己的最佳位置，找准属于自己的人生跑道

每一个人都是一个单独的个体，人与人虽然没有优劣之分，但却有很大的不同。这世界上的路有千万条，但最难找的就是适合自己走的那条路。每一个人都应根据自己的特长与条件来设计自己的路，不能坐等机会，要自己创造机会，这是个不断尝试和摸索的过程。同样，生活中的每一个人，应该尽力找到自己的最佳位置，找准属于自己的人生跑道。当你的事业受挫，不必灰心丧气，坚定的信念定能点亮成功的灯盏。

很多人的成功，首先得益于他们充分了解自己的长处，能够根据自己的特长对自己进行定位或重新定位。

奥托·瓦拉赫是诺贝尔化学奖获得者，他的成才历程极富传奇色彩。瓦拉赫在开始读中学时，父母为他选择的是一条文学之路。不料一个学期下来，老师为他写下了这样的评语："瓦拉赫很用功，但过分拘泥，这样的人即使有着完美的品德，也绝不可能在文学上发挥出来。"

此时，父母只好尊重儿子的意见，让他改学油画。可瓦拉赫既不善于构图，又不会润色，对艺术的理解力也不强，成绩在班上是倒数第一，学校的评语更是令人难以接受："你是

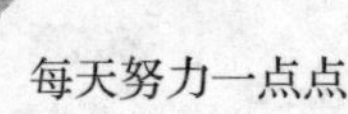

绘画艺术方面的不可造就之才。”

面对如此“笨拙”的学生，绝大部分老师认为他已成才无望，只有化学老师认为他做事一丝不苟，具备做好化学实验应有的品格，建议他试学化学。

父母接受了化学老师的建议。这不，瓦拉赫智慧的火花一下被点着了。文学艺术的“不可造就之才”一下子变成了公认的化学方面的“前程远大的高材生”。在同龄学生中，他的化学成绩遥遥领先。

可见，成功是多元的，并没有优劣之分，适合自己的、自己擅长的就是最好的。瓦拉赫的成功，说明这样一个道理：人的智能发展是不均衡的，有智能的强点，当然也有弱点，人一旦找到自己的智能的最佳点，使智能潜力得到充分的发挥，便可取得惊人的成绩。这一现象常被人们常称为“瓦拉赫效应”。幸运之神就是那样垂青忠于自己个性长处的人。松下幸之助曾说，人生成功的诀窍在于经营自己的个性长处，经营长处能使自己的人生增值。他还说，一个卖牛奶卖得非常火爆的人就是成功的，你没有资格看不起他，除非你能证明你卖得比他更好。

据说，有一次，爱因斯坦上物理实验课时，不慎弄伤了右手。教授看到后叹口气说：“唉，你为什么非要学物理呢？为什么不去学医学、法律或语言呢？”爱因斯坦回答说：“我觉得自己对物理学有一种特别的爱好和才能。”

这句话在当时听似乎有点自负，但却真实地说明了爱因斯坦对自己有充分的认识和把握。而现实生活中，一些人在人生发展的道路上，把命运交付在别人手上，或者人云亦云，盲目跟风。他们忽视了自己的内在潜力，看不到自身的强大力量，甚至不知道自己到底需要什么，不知道未来的路在哪里。于是，他们浑浑噩噩地度过每一天，一直从事着自己不擅长的工作和事业，以至于一直无所成就。

成功学专家A. 罗宾曾经在《唤醒心中的巨人》一书中非常诚恳地说过："每个人都是天才，他们身上都有着与众不同的才能，这一才能就如同一位熟睡的巨人，等待我们去为他敲响苏醒的钟声……上天是公平的，不会亏待任何一个人，它给我们每个人以无穷的机会去发挥所长……只要我们能了解到自己的才能，并加以利用，就能改变自己的人生。只要下决心改变，那么，长久以来的美梦便可以实现。"

尺有所短，寸有所长。一个人也是这样，你这方面弱一些，在其他方面可能就强一些，这本是情理之中的事情。找到自己的优势和承认自己的不足一样，都是一种智慧。比如说你也许不如同事长得漂亮，但你却有一双灵巧的手，能做出各种可爱的小工艺品；比如说你现在的工资可能没有大学同学的工资高，不过你的发展前途比他的大等。

你要知道，一个人在这个世界上，最重要的不是认清他人，而是看清自己，了解自己的优点与缺点、长处与不足。搞清楚这些，就容易在实践中发挥比较优势，否则，就容易沿着一条错误的道路越走越远。所以，从某种意义上说，是否认清自己的优势，是一个人能否取得成功的关键。

当然，要想发展自身的优势，首先要肯定自我价值，这有助于我们在工作中保持正面的积极态度，并将这种态度转换成积极的行动。

合理安排工作，分清事情的轻重缓急

做事情只有忙而有序，才能有张有弛从容不迫。面对繁杂的事务，一定要排个计划，分出轻重缓急，逐一落实。这就要求我们用到另一个重要工具——日程表，日程表是成熟的职场人士必不可少的东西。有了它，我们甚至可以把自己的每一秒钟都充分利用起来，有了它，我们可以在自己精力最充沛的时间段安排最重要、最繁复的事情，从而提高做事效率。

一个人每天都要处理很多事情，这些事情有的需要马上就做，有的需要今天做一点，明天做一点，慢慢积累着做；有的很简单，只要5分钟就足以搞定，有些要花费我们整整一个上午的时间才能处理好。怎样安排各类事务？美国某公司总裁莫瑞给了年轻人很好的借鉴：他要求秘书给他呈递的文件放在颜色不同的公文夹中。红色的代表特急，橘色的代表这是今天必须注意，黄色的则表示必须在一周内批阅，等等。

如果你也能够给自己做一个计划表，把一段时间内，如一天内需要做的事情计划出来，然后合理安排一段时间来做某件事，事情会进行得有条不紊，你处理事务的效率想必也会大大提高。首先是要把你每天需要做的事情写下来，然后根据事情的重要程度和紧急程度分一个类别，例如：

紧急但并不很重要的事情：这类事情很紧急，往往刚一上班，上司就紧催着要，但是它的重要部分已经完成，只剩下诸如签字或者复核之类比较简单的事情，你首先要处理的就是这一部分内容。因为从一个悠闲状态进入一个紧张忙碌的状态，是需要一个过程的，如果这时候做重要的决定，往往会比较草率。做一些紧急的、简单的工作对于你来说相当于运动前的热身，是很有必要的。

重要且紧急的事情：这类事情对你来说是最重要的，而且是当务之急，只有迅速解决完，才能顺利进行别的工作。这种事情紧急而重要，你必须把它们处理好，不能再拖延。这样的事情我建议在热身完后立即处理，因为这个时候你已经进入工作状态，精力是最旺盛的，注意力是高度集中的，思路清晰，思考速度也很快，把紧急而重要的事情放在这个阶段做，会既谨慎周密，又快捷高效。

重要但不紧急的事情：总有一些事情是不紧急的，但它关系到你的长远发展，而且它需要你日复一日地慢慢去积累。因为它们没有规定的期限，或者期限比较远，没有人催促，你可能就会一直拖下去。这些事，我建议放到我们悠闲、时间充裕的下午去做。如果工作本身比较繁复、庞大耗时，但并不需要花费很大的精力和很高的注意力，用下午时间来处理这样的事务再适合不过了。

不紧急也不重要的事情：总有一些这样的事，根本不需

要处理，随着时间的流逝，这件事情就没有意义了。或者不需要即时处理，只要在闲暇时间顺手做一下就好了。例如，浏览报纸的娱乐板块，整理一下书桌，做做准备工作，等等。这些小事情，只要在喝水休息的空当，顺手做一下就会做得很好，没有必要为这种小事单独安排时间。

意外的事：每天都难免会发生一些突发状况，它会打乱你的日程表，花费很多精力和时间。如果意外状况没有紧急重要到必须马上处理，当你的工作进展到一定阶段后再处理它是最好的。如果比较紧急，也比较简单，那马上处理，然后回到工作状态才是最好的方法。总之，要视意外的紧急程度和复杂程度而定。

每个人每天都有很多要处理的事情，把事情分出轻重缓急，用全部的精力和黄金时间应付那些最重要的事情，才可能提高你的工作效率。这样才能做到忙而有序、有张有弛，说不定还能忙中偷闲呢!

只要方向对，慢一点不要紧

“当我们正在为生活疲于奔命的时候，生活已离我们而去。”英国歌手约翰·列依的话无疑成了现代人快节奏生活的写照。与此同时，一个困扰我们的问题是：在快节奏的生活里，我们好像一直在马不停蹄地赶路，却也在马不停蹄地错过。我们经常想一下子拥有一切，却忘了一个坚实脚印的重要意义是什么。所以，请放慢一下脚步，慢一点不要紧，要紧的是要保证自己的心一定要在前行的路上。

大学时期，阿伦还算是一个比较沉稳的男孩子，可是毕业以后，面对如此大的竞争压力，阿伦渐渐地变得就像是上紧了发条的闹钟，又像是一个高速转动的陀螺，一刻也不停歇地奋斗着。阿伦的家庭条件不是很好，所以没有多大的经济支撑；他深知自己要想在上海这个国际化大都市站住脚，就必须付出比常人更多的努力。阿伦还有一个深爱他的女朋友小琪，他想努力争取给小琪一个安稳的家，也想给父母更为宽裕的生活，更想给未来的孩子打下良好的经济基础，使他以后不必像自己这样辛苦地奋斗。可是这些任务都没有完成，一切都很渺茫，所以这些事情就好似石头一样压在阿伦的心上，使他迫不及待地想要去实现它们。然而，也许是造化弄人吧，阿伦

越是着急，事业就越是不顺利。

大学毕业后，阿伦进了一家外企工作，他每时每刻都在给自己施加压力，整天在公司里忙得焦头烂额。很多外国朋友不明白他的行为，他们觉得阿伦好似没有别的兴趣爱好，就是一直在埋头奔波。同时阿伦在工作上的极度努力又使他们感受到巨大的压力， 每当看到阿伦主动加班的身影，同事们都挤眉弄眼。最终，阿伦虽然工作表现很好，但是还是被辞退了。其实，阿伦不知道，他的努力给了太多同事压力，使他们都不得不打乱自己的生活，陪着阿伦一起加班。

看着小琪担忧的目光，阿伦笑着说：“小琪你不要难过，我会努力的，既然他们不接受我，我可以自己创业！”于是阿伦就拿着工作一年辛辛苦苦积攒的资金，再加上从父母那里借到的钱，在家附近租了一个小摊位，开始做手机生意。其实阿伦也没有什么经验，内心又一直着急，他的生意始终不见起色，慢慢地自己投入的钱都一去不复返。一急之下，阿伦病倒了。看着躺在病床上的阿伦，小琪郑重其事地说：“阿伦，这次生病是一个警示，你之前过得太过于焦虑，到处奔波把自己累倒了。我告诉过你，我们刚刚毕业要慢慢来，好好静下心来做好工作，不要急于求成，过度难为自己。你要坚持一步一个脚印地去奋斗，别想着一口吃个大胖子。我并没有要求你必须买房子，因为我们租房子也可以结婚，也可以生活。但是，假如你出了什么事情，我就肯定不会幸福了。所以， 我希望你为了我，为了你的父母，珍惜自己的身体。要知道，很多事情强求不来，只能水到渠成。只要你尽力去做了，不管结果如何，你都是成功的。希望你以后不要像个拼命三郎一样，我们还年轻，还有很多时间去奋斗、去拼搏，还有很多人生之中美好的事情值得我们一起体会。”在听完小琪的劝说之后，阿伦似乎想明白了很多，阿伦终于明白很多问题并不是心急就能够解决的。在小琪的陪伴和照顾下，阿伦把自己的生活节奏进行了调整，一边努力工作，一边抽出时间回家陪伴父母，陪伴女友。

如今，阿伦的心中已经没有了那么多杂念，唯一的心愿就是认真地活好每一天。经过几年的努力，现在的阿伦在一家公司已经做到了经理的职位，生活和事业都非常顺利。

也许你会问，在竞争如此激烈的年代，哪儿有资本慢下来啊？其实不然，“慢生活”并非让你放弃自我、无所事事，它与物质的富有程度也没有多大关系。慢生活中的“慢”更多的是一种健康的心态，一种积极的生活态度。但凡急功近利者往往会错失成就事业的最佳时机，这样的人活得太累，不可能有真正的快乐和幸福，我们切不可成为这样的人。

所有的好运，都是因为足够努力

生活中，我们常常羡慕他人的好运气，似乎他们总能轻而易举地满足自己的愿望，实现自己的梦想。然而我们没有留意到的是，他们虽然现在得到了好运气，但是在此之前，他们却付出了很大的辛苦和努力。

越努力，越幸运。在这个世界上，没有一蹴而就的成功，更没有绝不坎坷的人生。每个人在漫长的人生路上，都会遭遇很多困境，甚至陷入绝境。每当这时，我们就要记起海明威笔下桑迪亚哥老人的那句话，“一个人并不是生来要被打败的，你尽可以把他消灭掉，可就是打不败他。”的确，我们不管活得多么艰难，都不能轻易放弃，因为放弃才意味着真正的失败。反之，假如我们在人生过程中始终心怀希望，坚韧不拔，那么我们就能够度过艰难坎坷的时刻，走上人生的坦途。古人云，天道酬勤，命运会眷顾那些加倍努力的人。机会总是给有准备的人准备的，一个人只有真正摆正自己的位置，时刻准备着抓住转瞬即逝的机会，才能得到好运。既然如此，我们还有什么理由不努力，不奋斗呢？

生活中，我们常常听到他人抱怨自己命运不济，时运不佳，殊不知，命运并非是天注定的，更大程度上，命运掌握在

我们自己手中。我们唯有坚持不懈地努力，不管什么时候都满怀希望和勇气，才能最大限度地把握命运，从而为自己的人生争取到更多的机会。

曾经，有人看到寺庙里的大师每天都要敲打木鱼，不由得疑惑地问："大师，您在念佛的时候，为何总是敲打木鱼呢？"

大师反问："我虽然在敲打木鱼，实际上每一声都敲在人的心里。""即便这样，也可以敲鸡呀，牛啊之类的牲畜，为何偏偏要敲打鱼呢？"那个人还是不解。

大师笑着说："在人世间，鱼是最勤快的，它甚至不睡觉，终日瞪大眼睛游来游去。这么勤快的鱼儿，尚且需要敲打，更何况是惰性十足的人呢！"

这只是一个寓言故事，却为我们揭示了深刻的道理。人的本性之中就饱含"懒惰"，很少有人能够抵抗懒惰的诱惑，诸如早晨赖在温暖的被窝里不愿意起来，起床之后又把该干的事情不断推迟和拖延。再如，对于人生的很多计划都无限延迟，导致人生计划最终落空，人生也毫无成就。不得不说，整个人类都面临"懒惰"的难题。假如我们能够战胜懒惰，那么我们的人生必然更加高效。

为了克服我们自身懒惰的毛病，我们就要像大师敲打木鱼一样，不停地敲打和鞭策自己。所谓天才，实际上就是勤奋的产物。正如有位名人所说的，这个世界上哪里有天才，我只是把别人喝咖啡的时间用来工作而已。人不是神，人无法随心

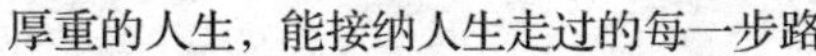

所欲地做成所有事情。因而要想取得进步，我们就必须笨鸟先飞。尤其是在自觉自己不如他人聪慧的情况下， 我们更要坚持不懈地付出，才能最终用自己的辛勤汗水换来丰厚的回报。记得曾经有位哲学家说过，在这个世界上，只有蜗牛和雄鹰能够登顶金字塔尖。雄鹰能够登顶金字塔尖，这一点人们都很信服，但是蜗牛如何能够爬到金字塔尖呢！这使人很费解。但是只要认真思考和分析， 我们就会明白，蜗牛之所以能登顶就是因为勤奋。一个人的成功固然离不开自身的学识修养以及外部的各种有利条件，但是更重要的是勤奋。如果缺乏勤奋，再聪明的人也无法获得人生的成就。

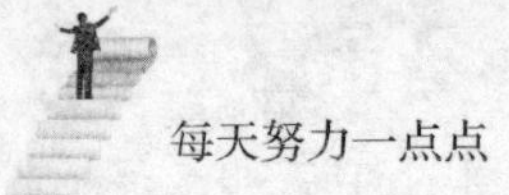

做好每件事，才能让自己的努力引起质的变化

“天下难事，必作于易；天下大事，必作于细。”这句话出自老子《道德经·第六十三章》，意思是说天下的难事都是从容易的时候发展起来的，天下的大事都是从细小的地方一步步形成的。因此，可以看出，想要有所作为就不能小觑了小事的影响力，尽力做好每一件小事才能让自己的努力引起质的变化。

或许有些人觉得芝麻小事都没什么实际意义，也不可能会影响大局，更不会升级到成就一番事业的地步。他们总是好高骛远，极易在前进的路上迷失自己，被一些他们所谓的小事情绊脚。事实上，任何一件事情要想做得完美，小事都起着关键作用；同样的，任何一个问题的解决，都有小事起着举足轻重的作用。

陈藩生于东汉时期，从小他就是一个心怀大志的人，总是想着有朝一日成就一番事业。在他看来，自己就不是一个普通的平凡人，所以他总是给人留下心高气傲的印象。一天，他的朋友薛勤来访，见他住的屋子又脏又乱，便问他说：“你这小子，平时家里脏些也就罢了，现在你家里来客人了，你怎么也不把屋子打扫干净以显示你的待客之道啊？”陈藩答道：

“我是顶天立地的男子汉，我要干的是一番大事业，我是一个心怀天下的人，这种小事我是不会做的。”薛勤当即反问道：“一间屋子你都治理不了，怎么治理天下呢？”陈藩无言以对。

很多人总是自命不凡，感觉自己是天生的战略家，觉得自己是指点江山的大人物，所以从不把所谓的小事放在眼里。可是他们却不明白能够认真做好每件小事、讲究精益求精的执行者才是可遇而不可求的。伟人的成功总是离不开点滴小事的积累，他们涉猎广泛，从生活中不断学习，才能在合适的契机大展身手，成就一番伟业。因此，我们应该改掉急功近利、心浮气躁的毛病，认认真真地做好每一件小事。

浩珉和志林是大学同学，他们学习的是计算机专业。在大学毕业之后，两个人都被聘到了同一家公司工作。初次走出校园的两个人感觉一切都充满着激情，决心好好努力，奋力拼搏，闯出自己的一片天地，实现自己的价值。可是事情没有他们想象的那么美好，浩珉和志林都被安排做一些琐碎而单调的工作，每天早上打扫卫生，中午预订盒饭，帮同事复印资料，接收传真等。还没过试用期，志林感到受到了侮辱，不甘心在这里做这些没前途的工作，便辞职不干了。志林想让浩珉和自己一起走，志林说：“我们难道就在这里受他们侮辱吗？我们是大学生，怀着满心的希望与激情来这里大展拳脚，可是他们怎么对我们的，整天把我们当作打杂的人员，我

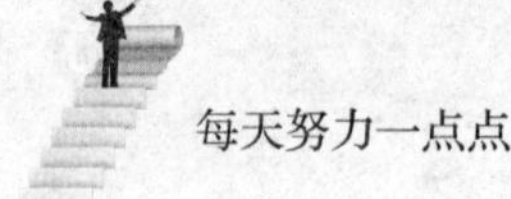

实在受不了这个委屈，我要去一个能让我好好发挥自己的地方。”可是浩珉却不这样认为，在浩珉看来，公司这样安排肯定有其道理，做这些看似琐碎的工作能让他很快和公司的同事熟络起来，为以后的工作做准备。又过了两个月，公司正式安排浩珉去做一些有关计算机方面的工作。

有一次，公司召开全体会议，在会议结束的时候，经理把浩珉叫到办公室跟他谈心，说了一些工作上的事情之后，经理问道：“浩珉，为什么当初没有和志林一起离开呢？”浩珉说：“从小母亲就告诉我，无论做什么事都不能马马虎虎，不放在心上，否则，什么事情都不可能做好。”

听到浩珉的回答，经理满意地点点头：“其实我明白，你们刚刚毕业，心高气傲，可是这正是对你们的一个考验，因为我们觉得一个脚踏实地工作的人必须要懂得做好基本的事情，如果连最基本的事情都做不好，更不可能把大事做好了。恭喜你！通过了公司的考查。”

可是志林呢？一直流连于各大招聘会，因为没有任何一家公司会把重要的任务交给新来的员工，都会有一个考察的过程，很可惜，志林没有通过考察，他总认为自己是做大事情的人，每次工作不到一个月就离职。

如果你连小事都做不好，那还怎么开口说自己是做大事的人？万事的成功都需要良好的基础，就像是盖高楼一般，没有那一砖一石的积累，哪来的一座座高耸入云的摩天大厦？总

之，把每一件简单的小事做好是成就大事的基础，要想在工作中取得优异的成绩，就需要沉下心来，用心做好每一件小事，不能抱有敷衍了事、挑三拣四的态度。

第 06 章

坚持到底，不懈努力你就能看到希望

任何一个目标坚定的人，都不会迷茫

我们都知道，人生旅途上沼泽遍布，荆棘丛生。也许会山重水复，也许会步履蹒跚，也许我们需要在黑暗中摸索很长时间，才能找寻到光明……但这些都算不了什么，一个心中有梦想的人，会坚信一点——总有一天，他会变得很棒。目标坚定、不放弃，知道自己要什么、该干什么，然后勇敢地去敲那一扇扇机会之门，总有一天你会敲开幸福之门。

事实证明，任何一个目标坚定的人，都不会迷茫，更不会中途放弃。一个人要想获得人生的幸福，就应该每天勤奋工作。付出比任何人更多的努力是一个艰苦的过程，但只要坚持就一定能够获得不可思议的成就。

下面这个简单的故事，蕴含了一个深刻的道理，它告诉我们坚持在追求梦想的过程中是多么重要。

1891年，他还是个13岁的瘦弱男孩，在火车上卖报纸和雪茄烟，而此时他已经有了自己的志向，他希望在未来能成为一名交易商。所以，每每听到乘客谈论投资方面的事时，他总是听得特别入神。

对于一个卖报的男孩来说，这样的志向简直是天方夜谭，为此，他常常被嘲笑。

梦想实现的过程并不是那么容易，为了追梦，长大后的他整天躲在狭小的地下室里，将数万根的K线一根根地画到纸上，贴到墙上，接下来便对着这些K线静静地思索。有时，他甚至能面对着一张K线图发几个小时的呆。

后来他干脆把美国证券市场有史以来的所有纪录搜集到一起， 在那些杂乱无章的数据中寻找着规律性的东西。由于没有客户，挣不到薪金，他许多时候不得不靠朋友的接济勉强度日。

这样的情况持续了6年。这6年，他集中研究了美国证券市场的走势与古老数学、几何学和星象学的关系。

6年后，他发现了有关证券市场发展趋势的最重要的预测方法，他把这一方法命名为“控制时间因素”。他在金融投资中赚取了5亿美元，成为华尔街上靠研究理论而白手起家的神话人物。

他叫威廉·江恩，世界证券行业尽人皆知的“波动法则”的创始人。

成功需要梦想，梦想需要坚持，这是一条最原始也是最简单的真理。诺贝尔奖获得者巴斯德曾豪迈地宣称：“告诉你达到目的的奥秘吧，我唯一的力量就是我的坚持精神。”需要持之以恒的原因就在于，世上凡是有价值的事情通常都是有一定难度的，不可能一蹴而就，因此只有持之以恒才能完成。

在我们的生活中，也有不少人，在他们的内心，有着自己的梦想。然而，紧张的工作，可能会让许多人搁浅心中的梦想。而他们也会发现，正是因为失去了梦想，自己才会显得无力，没有热情。只有具有持续的动力，在面对压力、挫折、困难时不放弃，人的潜能才会被最大限度地激发出来。想要成功，我们首先要学会的就是坚韧不拔，要能够超越失败，这样，成功才会离我们越来越近。

几十年前，在加拿大，有一位叫让·克雷蒂安的少年因疾病而落下口吃的毛病，嘴角畸形，更严重的是，他还有一只耳朵失聪。后来，有一位医生告诉他，在嘴里含着石子说话能矫正口吃，于是，他就每天在嘴里含着一颗石子练习讲话，一段时间以后，嘴巴和舌头都流血了，疼痛难忍。

母亲看到后，十分心疼，她对儿子说："孩子，不要练了，妈妈会一辈子陪着你。"但克雷蒂安摇了摇头，然后替母亲擦干眼泪，十分坚定地说："妈妈，听说每一只漂亮的蝴蝶都要自己冲破束缚它的茧。我一定要讲好话，做一只漂亮的蝴蝶。"

克雷蒂安的努力有了成效，他终于能够流利地讲话了。他勤奋学习，学习成绩优异，并获得了周围人的赞赏。

1993年10月，克雷蒂安参加加拿大总理大选时，他的面部缺陷被对手大力攻击、嘲笑。对手曾极不道德地说："你们要这样的人来当你们的总理吗？"对手的这种恶意攻击反而招致大部分选民的愤怒和谴责。当人们知道克雷蒂安的成长经历

后，都给予他极大的同情和尊敬。在竞选演说中，克雷蒂安诚恳地对选民说：“我要带领国家和人民成为一只美丽的蝴蝶。”结果，他以极大的优势当选为加拿大总理，并在1997年成功地获得连任，被加拿大人亲切地称为“蝴蝶总理”。

从口吃少年变成人人敬仰的“蝴蝶总理”，克雷蒂安真的如蝴蝶一样，实现了自己人生的蜕变。这也验证了那样一句话：“总有一天，你会变得很棒的！”就如阳光总在风雨后一样，那些看清方向并一如既往坚持的人总能看到困难中的机遇，最终获得提升自己的契机。

每一个成功者，都有段寂寞难耐的时光

对于每个人而言，寂寞不仅是对内心的锤炼，更是一种严酷的考验。面对寂寞，很多内心脆弱的人总是败下阵来，从此对生活缴械投降，再也不愿意独自撑起人生的一片天。而有的人却能够挺直脊梁，坚韧不拔，最终做出让人震惊的伟大事业。一个人如果胸无大志，看任何事情都鼠目寸光，那么他当然无法忍受寂寞。相反，如果一个人目光长远，看任何事情都时都能站得更高，他就能忍受人生的寂寞，并在有机会时爆发出自己所有的力量。

现实生活中，大多数能够获得成功的人都是耐得住寂寞的。他们尽管忍耐着人生的孤独，却从来没有放弃对人生的希望和追求。尽管没有人陪伴他们，他们却能够坦然面对寂寞，面对黯淡无光的夜空，面对寂静无声的时光。他们始终坚守内心的那盏灯光，也始终坚信人生一定会掀开新的一面。寂寞对于人生是很好的历练，对于浮躁的人而言，寂寞能使他们变得深沉；对于聒噪的人而言，寂寞能使他们变得安静；对于孤独的人而言，寂寞能让他们更好地与自己心灵对话。总而言之，每个人都要走好人生之路，无论如何，只要活着，每个人就得面对命运赐予的一切。实际上，在人生的旅程中，每个人

都是独行者，也许他们会在一段时间内有人陪伴，但是归根结底还是要独自行走完人生的道路。孩子年幼的时候，父母会悉心照顾孩子，陪伴在孩子身边。但是父母终将会老去，即使再爱孩子的父母，也不可能陪伴孩子一生一世。在恋爱的年纪，我们也许会遇到倾心相爱的爱人，然而爱人虽然可以长久地陪伴我们，却无法替代我们感受人生。当有了孩子之后，我们也会转换角色，成为照顾孩子的父母，但是无论我们再怎么爱孩子，等到孩子真正长大之后，他们也要飞走，开始自己的人生。所以每个人注定是寂寞的，是人生的独行侠。每个人唯有耐得住寂寞，才能成就人生，也才能在人生中有更伟大的成就。

经历了高三的紧张学习之后，同学们一旦进入大学，就变得非常放松。他们不想再以学习为主要任务，而是忙着谈一场轰轰烈烈的恋爱，或者与各奔东西的高中校友书信联系，偶尔还会相互串串门来到对方就读的城市旅行。当同学们非常浮躁地对待学习时，丝丝突然发现自己对文学爆发出深沉的热爱。几乎每个周末，当同学们结伴四处去玩耍或者是逛街买衣服的时候，丝丝会利用周末的时间看书。她尤其喜欢看那些世界名著，因为在小说曲折的情节中，她似乎感觉到自己也随着书中的人物经历了一番人生。就这样，丝丝对待人生有了更深刻的感悟。虽然她没有足够的钱去世界各地游走，但是却随着书籍走遍了世界的每一个角落。后来，丝丝开始尝试着自己写

小说，也因为出色的文采，她被选为学校文学社的副社长。

在文学的道路上，丝丝如同蜗牛一般慢慢地往前爬行。当然，她之所以速度慢，并非是因为不够努力，而是因为文字功力必须通过积累才能获得提高。一开始，丝丝只是随便写一些随感，甚至有些无病呻吟的味道。但随着她的第一篇文章发表，她的文笔渐渐成熟。大学毕业的时候，同学们都各有收获，唯独丝丝的收获最让人感到震惊。原来，她在大学四年间居然发表了几十篇文章。可想而知，这些成绩会成为她毕业求职的最好介绍信。果然，当同学们都无奈地回到家乡去当老师时，丝丝捧着自己的作品，很顺利地被一家报社聘用。理所当然地，丝丝成为了编辑，能够留在市区工作。当时，几乎每个同学都很羡慕丝丝。当然对于丝丝而言， 这只意味着一个开始。作为报社里最普通的一个小编辑，她是一个默默无闻的小角色。从此之后，丝丝开始了漫长的努力。她对待工作认真负责，又总是向老前辈虚心请教，用心学习。常言道，长久磨一剑，在经过长久的努力之后，丝丝终于崭露头角。她犀利细腻的文笔给报社的领导留下了深刻的印象。很快领导就把重要的任务交给丝丝。

如今，丝丝已经跳槽到一家私人杂志社，成了一名主编，她的人生也因此变得截然不同。同学们在羡慕丝丝之余，也开始反省自己，当丝丝正在拼尽全力读书的时候，他们却在纵情恣意地玩耍，也难怪丝丝会有今天的收获呢！

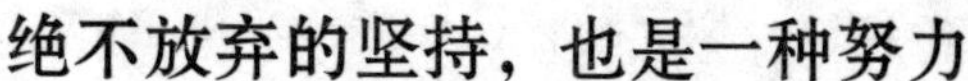

绝不放弃的坚持，也是一种努力

很多人以为努力就一定是轰轰烈烈的，是惊天动地的，实际上努力的方式有很多种，轰轰烈烈、惊天动地固然是努力的方式之一，但是默默地付出和绝不放弃的坚持，同样是人生中必不可少的努力方式。

就像奋斗一样，曾经有人以为奋斗就是要上刀山下火海，就是要卧薪尝胆、头悬梁锥刺股，实际上奋斗并非只有这些极端的方式。每天安守本分地过好生活，做自己该做的事情，这同样是一种奋斗的方式。每天都积极地面对人生，哪怕遭遇坎坷和挫折也微笑以对，从容接受，这同样是不可多得的奋斗。在人生之中，能做到不抱怨、不逃避、不拖延、不畏惧，这更是一种奋斗。

现实生活中，抱怨已经成为很多人的生活方式。他们不管遇到什么事情，第一时间就想到抱怨，而从来不会去积极地解决问题。他们觉得自己因为家庭的影响，所以性格阴郁，又觉得自己因为大学时没有选择好专业，才导致现在找工作困难。殊不知，任何一个专业都有优秀杰出的人，也有平庸和碌碌无为的人。一个人要想拥有好工作，首先要找到好的平台。只有放平心态，脚踏实地去做，才能不断提升自己

的能力，增加自己的经验和学识，从而让自己在找工作时更顺利。当你羡慕别人有着光鲜亮丽的工作和高薪时，不要忘记，别人在得到这一切之前，比你经历过更多的艰难，受到过更多的挫折。

人与人先天的条件相差无几，之所以在后天的成长中结果迥异， 就是因为有的人能够坚持努力，哪怕遇到再艰难的情况也绝不放弃，而有的人总是轻易放弃，他们不愿意承受压力和挫折。可想而知，当一个人自己主动放弃了，哪怕命运再怎么善待他，他也无法把握和掌控命运。很多年轻人走出大学校园初入社会时，一旦遭遇挫折就怨声载道，他们觉得自己大学读错了专业，所以才面对这样的窘境。而实际上，行行出状元。如果我们不能从事自己喜欢的工作，那么就应该爱自己正在从事的工作。唯有调整好心态，我们的人生才能更加从容坦然。

小军从来不是一个幸福的孩子，他小小年纪就失去了双亲，成为了孤儿。他和爷爷奶奶住在一起，依靠爷爷奶奶微薄的退休金生活，因此他们的生活总是捉襟见肘。高中毕业后，因为没有考上理想的大学，小军不得不提前去工作。因为爷爷奶奶已经年纪很大了，他要肩负起赡养爷爷奶奶的责任，所以不能离开本地，就学习了维修技能。就这样，当其他同学都背起行李奔赴各大校园时，小军却背起了维修包，成为了一名维修工人。每天晚上他都要工作到很晚，因为在过了凌

晨十二点之后每个小时能得到一百元的加班费。虽然对于很多人而言，一百元的加班费并不值得熬夜，但是对于小军而言，这一百元却能给爷爷奶奶买更多的营养品，也能让他有更多的钱报名参加培训班。

转眼之间，五年过去了。有一天，小军找到老总提出辞职。老总很惊讶，因为小军的技术和口碑都很好，原本老总还想提拔小军呢。老总问小军："你是因为待遇不好，所以才想要跳槽吗？"小军摇头。老总又问小军："那你是家里有什么困难吗？公司会帮助你的。"小军继续摇摇头，老总疑惑地说："既然都不是，那你为什么要辞职呢？"小军笑着告诉老总："我通过了雅思，要去新西兰读书了。"老总很惊讶，"你不是才高中毕业吗？居然过了雅思。"小军笑着说："我想我不能当一辈子维修工人，我应该拥有自己的人生，而且爷爷奶奶前两年也相继去世了，我没有了牵挂，所以我要奔向自己的梦想。"老总沉吟道："既然你考过了雅思，那你也可以去美国或者加拿大，为什么非要去新西兰呢？新西兰并不是最好的选择。"小军告诉老总："前两年，我在网上认识了一个女朋友，去年我的女朋友去了新西兰读书，我想我应该也去新西兰读书，这样我们的差距才不会因为异地而变得越来越大。"

事例中，小军之所以能够成功地改变自己的命运，是因为他一直在坚持。面对人生的困境，他从来没有放弃自己。面

对高考失利，他也没有因此而沉沦，他一边努力地工作挣钱养家，一边上各种培训班，提升自己。因为他的心中始终积极向上，所以他才能赢得女朋友的喜爱，也因为他一直积极奋进，所以他才能够成功通过雅思去读大学。

在整个世界都不关注你的时候，如果你能继续坚持下去，不放弃自己，你就能够扼住命运的咽喉，让自己的人生与众不同。

坚持不懈，希望就在前方

很多时候，人生会遭遇接二连三的失败，对于这样的困境，有些朋友无法面对和承受，也因此对于人生产生怀疑，甚至彻底否定人生。最后，他们变成了人生中的逃兵，也成了失败者。但是有些人则恰恰相反，越是在人生的困境和绝境中，他们越是坚持不懈，努力向前，并且激发出自己全部的力量去与命运抗争。他们或者战胜了命运，或者败给了命运，无论结果怎样，他们都得到了宝贵的经验，也让自己在人生前行的道路上有更多的可能性。

人人都知道，坚持到底就是胜利，人人也都渴望获得成功和胜利，但是真正为了圆满人生而始终坚持的人却少之又少。这到底是为什么呢？原来，有些人会犯眼高手低的错误，在想得很好的情况下却做得很糟糕。因此，要想不断进步和成长，我们首先要战胜自身的劣根性。记住，失败是人生的常态，也是成功的母亲。但要想用失败孕育出成功，我们就要非常坚持和努力，也要在失败面前挺直脊梁，用平和的心去面对失败，从而有的放矢地不断成长和进步，不断朝着成功迈进。

自古以来，没有任何人的成功是一蹴而就的。在河蚌的身体里有一粒砂砾，它柔软的肉被砂砾磨得很疼，但是它无法清除砂砾，只能与砂砾不断地磨合，也以自己的分泌物包裹砂砾。渐渐地，砂砾变得越来越光滑圆润，最终成为一颗光彩夺目的珍珠。当你的人生掺进困难的砂砾时，你可曾像河蚌一样去努力地孕育和磨合呢？古人云，宝剑锋从磨砺出，梅花香自苦寒来。不管是宝剑的锋芒，还是梅花的寒香，都是在坚持之后才得到的。因此，要想得到成功，每个人都应该具备重要的品质——坚持。

在追求成功的道路上，遭遇坎坷和磨难是常事。你的梦想越是遥远和伟大，你的成功之路走得就越艰难。但是，不管你将面临什么，都不要放弃，因为放弃就意味着失去了一次很有可能成功的机会。有人说，所谓成功，就是比失败多一次尝试。我们不知道哪一次才能获得成功，也不知道哪一次失败才是最后一次失败，既然如此，就要在失败之后马上鼓起勇气，再次勇敢去尝试，这样才能获得更多的收获和更好的结果。生命之中，最遗憾的事情莫过于在一转弯就能看到成功的时刻放弃。要想避免这样的情况发生，我们就要坚持做到最好，不半途而废。记住，希望会给人生更多的机会，而绝望只会让人生充满阴霾。只有心怀希望的人，才会距离成功越来越近，也才会有更大的可能拥有精彩的人生。

作为一名新生代记者，刘军在整个报社里都是传奇人物。原来，刘军每次采访从来不会像其他同事那样只找好采访

的对象，他每次都要去找最难以沟通的采访对象进行采访。因此，很多同事都说刘军现成的肉不吃，非要去啃硬骨头，对刘军感到非常奇怪。

难道刘军很傻，不知道那些采访对象是硬骨头吗？当然不是。其实刘军的想法很简单，作为一个新入行的记者，他希望自己从最难采访的对象开始攻克，这样接下来的工作就会越来越容易。正是在这种思想的指引下，刘军每次采访之前，都会把自己关在房间里，对着镜子大声告诉自己："我能行，我能行，我一定能行！"就这样接连做十次之后，刘军的声音越来越大，他的信心也越来越强。带着这样的信心，刘军去采访，大多数时候都能成功，也有极少数采访对象总是给刘军吃闭门羹。对于这样的采访对象，刘军从来不恼火，而是每天早早去采访对象的办公室门口等候，然后笑眯眯、不卑不亢地向他们问好。日子久了，有一位采访对象实在忍不住，问刘军："你没有其他的事情要做吗？"刘军说："采访您就是我的工作，因为还没有完成，所以我必须坚持。"这样的回答常常让采访对象忍俊不禁，最终接受刘军的采访。

在如今的时代里，没有什么事情是很容易做的。要想做成一件事情，我们必须坚持不懈。有的时候，一件小小的事情要想做好，也会有很大的难度，但是不能放弃，而是要继续努力，才能在人生的道路上奋勇向前。记住，不放弃，努力尝试，即使失败也会得到更多的经验，如果轻而易举就放弃，则常常会让人生面临很多困境和难关，导致连失败的可能性和成功的可能性都一起失去了。

案例中的刘军无疑是一个善于坚持的人，哪怕被采访对象拒绝，他也会采用良好的方式不卑不亢地坚持。这样的坚持和真诚，让刘军最终感动了采访对象，也让刘军得以顺利推进和完成采访工作。记住，人生的道路从来不是一帆风顺的，尤其是在通往成功的道路上，我们更会遇到很多坎坷和挫折。唯有坚定不移走好属于自己的道路，始终不忘初心，我们才能距离成功越来越近，距离梦想越来越近。

善始善终，持之以恒

一个人做事需善始善终，要做好事情的开头，更要做好事情的收尾。许多人在做一件事情时，往往能很好开始却不能很好地持之以恒。这样的人只是在心中期盼一个又一个春天，却看不到秋天收获的风景。

一位老木匠准备退休了，他劳碌了一生，为公司做出了很大的贡献。从开始上班的第一天起，他就在这里工作，从学徒，到师爷，每一步都走得扎扎实实。

这天，他告诉老板，说自己的身体不能承担过重的体力劳动了，要离开建筑行业，回家与妻子儿女享受天伦之乐。老板答应了，只是请求他帮忙再建一座房子，老木匠答应了。在盖房过程中，大家都看得出来，老木匠的心已不在工作上了。他用料不那么严格了，做出的活也全无往日水准。老板并没有说什么，只是在房子建好后，把钥匙交给了老木匠。“这是你的房子，是我送给你的礼物。”老木匠愣住了，他感到一阵后悔与羞愧。他这一生盖了多少好房子，没想到最后却为自己建了这样一幢粗制滥造的房子。

幸运来源于善始善终的态度。最后关头一点点的漫不经心，往往会让你损失惨重，后悔不已。人生的获得，在于每一

次的竭尽全力，不管是在开始，还是在结束。每一小步都走得坚实，走到一个阶段的最后，你所积累的会显得更加深厚。

很多人都明白，人与人之间的才智差别并不是很大，但许多看上去才智不佳的人取得了成功，而许多本来才智高超的人却很落魄。原因并不是后者做事能力差，而是因为成功者能够认认真真地把事情做到最后，而失败者却总是见异思迁，什么事都只做一点点或做到一半，在他们的人生里留下了许多的“半截子”工程。实践证明，如果每个人都能够一心一意做事并坚持到最后，许多事情都会有好的结果。

有一次，丘吉尔应邀要参加演讲会，在会前反复背诵讲稿，对着镜子反复进行演讲练习，只怕到时候出丑被人耻笑。

然而，他一进入演讲会场就紧张得心跳加速，满脸冒汗，大腿也不听使唤地颤抖。他走上讲台做了次深呼吸，然后给台下人鞠了个躬，开始演讲。可是因为太紧张，没讲几句话，脑子里就一片空白，本来背得滚瓜烂熟的讲稿一句也想不起来了。他急得涨红了脸，只好尴尬地离开讲台，不得不放弃了演讲机会。

丘吉尔为自己第一次的演讲失败感到羞愧，回到家里觉得无地自容。他认为这是他的奇耻大辱。他永远也不能忘记这次演讲不仅没有得到台下听众的热烈掌声，还看到了一道道羞辱的目光。但他不相信自己是天生的笨蛋。他相信只要自己克服了演讲时的紧张恐惧心理，就一定会成为杰出的演说家。他

把那次演讲出丑的事，当成他学习演讲的动力。他积极寻找机会大胆地面对观众，大声地说自己想说的话和观点，他不再刻意提前拟稿和背稿，而是尽兴发挥演讲，结果他的演讲效果一次比一次好。

1940年，丘吉尔当选为英国首相，他的脱稿就职讲话精彩纷呈， 不仅观点鲜明，神态自然，铿锵有力，而且说出了人们想说而没能说出的话，句句都打动人心，博得了一阵又一阵的掌声。在反法西斯战斗中，他精辟的演讲振奋了英国军民的士气，成为鼓舞士兵一次又一次打败强敌的动力。

丘吉尔在改变自己的过程中所表现出的善始善终精神令我们感动。许多人，如果经历了那样丢尽脸面的演讲场合，就会永远地避开类似的场合，不再进行演讲活动。然而，丘吉尔却没有被这样的失败所击倒，而是把挫败当成了追求成功的动力。找到自己挫败的原因后，进行不懈努力，善始善终地磨炼自己的演讲能力。这正是丘吉尔高于常人的关键所在。

万事开头难，但万事有个圆满的结局更是难上加难。大多数人做事总是在开始之时雄心勃勃，把开头的事情做得井井有条，可是没坚持多久，就因为种种因素而厌烦，以至于做事越来越粗糙，结果不是半途而废，就是草草收尾。由此可见，真的是世上无难事，只怕有心人，善始善终才是人生最大的成功，而人生最大的败笔之一，就是做什么事都半途而

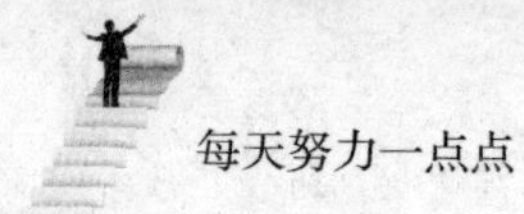

废，无功而返。聪明的猎人不仅跟踪猎物，重要的是他们会最终捕获猎物。

做到善始又善终，必须有执着追求、始终如一的精神。老舍先生毕其一生，耐住寂寞和枯燥研究文学，用自己的执着追求体现了善始善终的精神。鲁迅、巴金等成功的大师们也是做事善始善终的模范。

一个人如果做人和做事上不具备善始善终的素质，无论他曾经有过怎样的风光和辉煌，他的人生也将充满悲伤与苦难。一个人如果在为人和做事上都做到了善始善终，也必然能够收获到平静而幸福的人生。

做到极致，才能跑完人生的马拉松

人生就像是一场马拉松，我们应该一鼓作气，才能以最佳状态跑完全程。其实，要想完成全程还有一个诀窍，这也是很多马拉松选手都熟知的，那就是：要想以最佳状态跑完马拉松，最重要的不是在刚开始时就进行百米冲刺，把所有选手都远远甩在身后，而是保持体力，保持一定节奏。

马拉松和百米赛跑是不一样的。百米赛跑拼的是爆发力，需要人们在第一时间就爆发出所有的力量，也要求人们从起跑开始就把所有选手都甩在身后，这样才能在短暂的时间里遥遥领先。马拉松比赛则完全不同，在比赛开始就使出浑身力气想要遥遥领先的选手，往往都是缺乏经验的新手。真正熟悉马拉松比赛的选手不会在发令枪响之后就如同离弦的箭一样奔跑，而是会保持体力，保持适宜的速度，尽管开始时有些落后，但是超越也并不急在一时。

很多人都知道骆驼是沙漠之舟，在沙漠残酷的环境中，即便是骏马也无法保持良好的体力，但是慢吞吞的骆驼却能够顺利走出沙漠。尽管和骏马相比，骆驼走得太慢了，但是骏马很快就会在沙漠中精疲力竭，骆驼却能始终保持匀速前进，最终到达目的地。由此，在沙漠中，骏马不得不对骆驼甘拜下

风。人生也是如此。人生不是百米冲刺，而是马拉松，跑得最快的未必能够跑完全程，只有极具耐力和毅力的人，才能到达终点，成就人生的辉煌。

细心的人会发现，成功者尽管各有所长，而且成功的经历也不完全相同，但是他们都有一个共同点，那就是不达目的誓不罢休。不管他们在成功的过程中遭遇多少坎坷挫折，他们始终都能不忘初心，坚持不懈。他们的顽强和坚韧，让每一个人都对他们敬佩不已。而那些失败者之所以失败，并非完全因为能力不足，或者运气不好，而是因为他们缺乏坚持不懈的顽强毅力，在困难面前也没有耐性。

如今，全世界的孩子都知道史努比，也都很喜欢史努比，而少有人知道史努比之父——查尔斯·舒尔茨的人生经历。作为美国著名的漫画作家，舒尔茨曾经是个智力低下的孩子。

在小学和中学的学习中，他的各科成绩都很差，不仅英语和数学不及格，物理更是考了让人尴尬的零分。后来，他好不容易进入了学校的高尔夫球队，但是球队却输掉了重要的比赛，他不由得觉得万分沮丧。他的人际交往能力也很薄弱。因为他身上没有任何闪光点，所以几乎所有同学都对他采取视而不见、视若无睹的态度。即便偶尔与他迎面碰上，也很少有同学会与他打招呼。

即便如此，他也没有自暴自弃。读中学期间，他把自己辛辛苦苦创作的漫画提供给年鉴使用，但是被拒绝了，然而他

依然坚信自己在绘画方面有特长。在离开学校之后，他带着绘画作品受聘到迪斯尼工作室，但最终还是被辞退了。对于他而言，这一系列的挫折和打击无疑很残酷，但是他没有放弃，依然决定用漫画的形式表现自己的人生。他画出了自己的失败，也画出了自己的一无所成。最终他漫画中的小狗史努比终于从他的绘画作品中走出来，在每一个热爱漫画的人心中生根。

尽管舒尔茨在刚开始时表现低能，学习成绩也很差，但是他非常相信自己的绘画才能。尽管绘画才能也屡次遭到否定，但是他从未失去信心，而是坚持不懈，依然竭尽全力创作漫画作品。最终，史努比从他的画笔下走出来，成为风靡全球的漫画形象，他也因此借由史努比，被全世界的漫画爱好者熟知。他成功了，他最终成就了自己的辉煌人生。

生活中有很多人都和舒尔茨一样，在人生刚刚开始起跑的时候并不能遥遥领先，甚至还远远地落后于人。然而只要保持一颗坚定执着的心，坚定不移地朝着梦想的方向努力，我们最终就一定能够战胜自身的局限，创造人生的辉煌。舒尔茨用五十年的时间坚持梦想，跑完了人生的马拉松，你呢？如果不够坚持，就不要抱怨命运，毕竟一分耕耘一分收获，一份付出一份回报，我们只有做到极致，才能跑完人生的马拉松。

第 07 章

立即行动，绝不给自己迷茫和慌张的机会

浪费自己的时间，等于慢性自杀

岁月匆匆而过，无论我们是否愿意，时间的长河总是一路向前。对于每个人来说，时间都是公平的。它不会为任何人停留，也不会以任何人的意志为转移。时间有自己的脚步，它总是坚定不移地朝前走去。大文豪鲁迅先生曾经说，“浪费别人的时间等于谋财害命；浪费自己的时间，等于慢性自杀。”时间对于任何人而言都是非常宝贵的，都值得珍惜，不能白白浪费。

人们常说，生活如同逆水行舟，不进则退。实际上，在时间中成长，也如同逆水行舟。假如我们的成长跟不上时间的脚步，那么我们也必然会落后。现实生活中，因为没有珍惜时间导致事与愿违的事例比比皆是，无不使人心生遗憾。

大学毕业后，小雅先是在老家从事教师的工作，后来因为觉得工作没有挑战性、人生没有希望，最终下定决心辞职，孤身一人来到上海闯荡。毫无疑问，像小雅这样普通师范学校毕业的学生，在上海很难找工作，因为有太多的人学历比她高， 经验比她丰富，阅历也比她更多。直到一个多月后，小雅才找到一份销售二手房的工作。不过，她的内心很忐忑，因为她从来没有做过销售，根本不知道自己能否胜任这份

工作。

进入公司后，小雅先是拜师学艺，跟随一位经验丰富的销售人员学习。在掌握最基本的知识之后，她正式开始工作。小雅始终牢记笨鸟先飞的道理，公司规定每天八点半上班，她八点之前就到公司，打开电脑开始查找房源，寻找在网络上求购的客户。晚上，公司规定六点下班，小雅想到自己回家之后也没有什么事情可做的，就在公司待到七点多，多做一些琐碎的工作。就这样，上班不到一个月，小雅就顺利卖出去一套二手房，这简直是神速。很多经验丰富的销售员都问小雅是否从事过销售，小雅当然如实回答，说自己只在老家当过老师。但是那些同事都不相信，非说小雅一定从事过销售工作，因为小雅的工作效率实在很高，而且卓有成效。

实际上，小雅之所以能够成功将房子推销出去，只是因为她一直早出晚归，把更多的时间用于工作。所谓笨鸟先飞，一则是要勤奋，二则是要抢占先机，这样才能最大限度挖掘和发挥自身的潜力，从而让自己成功。

现实生活中，很多朋友都有拖延的毛病。殊不知，拖延不但会使我们失去很多好机会，也会耽误工作和学习。朋友们，既然有了梦想，我们就必须风雨兼程，朝着梦想和目标不断努力。我们要相信自己，一旦我们真正迈出了第一步，我们就能与时间保持同步，不断奋勇前进。

当然，很多朋友都知道不应该浪费时间、浪费生命。实

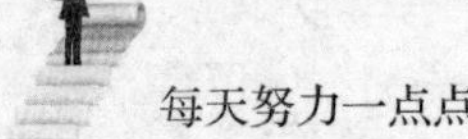

际上，珍惜时间并非一定要争分夺秒，而是要把我们有限的时间都用于做最有意义的事情。人生路上，每个人从呱呱坠地开始，就已经在与时间赛跑。与其说是时间跑得太快了，不如说是我们跑得太慢了。我们看看周围的人和事情，再反思一下自己是否真的认真努力，就能知道自己是否跑过了时间。

积极行动，别在想象中无限拖延下去

人生要想获得成功，除了积极的心态之外，还应该有方法去应对恐惧。每个人在人生的路上要勇往直前，消除内心深处的恐惧和犹豫不决，才能让人生乘风破浪。否则，再好的想法一旦耽于想象，就会让人无限拖延下去，也让人彻底失去行动力。

纵观古今中外，无数的成功者之所以能够获得成功，就是因为他们拥有积极的心态，而且还能够在第一时间展开行动。这使他们不会接二连三地犯错误，而能够抓住最好的时机，在人生中不断地推动自己努力向前。任何人，如果只会空想，而不积极地勇往直前，那么他们最终会错失最好的发展机会。归根结底，一切空想对于人生都毫无意义。要想拥有更美好的未来，我们只有积极地展开行动，遇到任何困难都决不放弃。

如果总是耽于空想和幻想，而没有付出任何的实际行动，那么不管想象再怎么好，一切都只是幻想。成功学家卡耐基曾经说过，一个人要想实现梦想，就要当机立断，勇敢地去做，哪怕心底里有深深的恐惧，也要战胜这份恐惧，鼓起所有的勇气去行动。这样一来，才能消除恐惧，也才能让人生绽

放出不同的光彩。细心的朋友们会发现，一个人如果心怀恐惧，而又无限拖延，那么恐惧就会在拖延中发酵。相反，如果当机立断去做，也许事实会告诉我们事情并没有那么糟糕。所以任何时候都不用要求自己一定得把某件事情做到什么程度，而是要记住，哪怕最终遭遇了失败，行动也比无动于衷来得更好，更有效果。

在一次演说中，一位伟大的励志大师手中拿着一张百元钞票对着台下的观众问道："有谁想得到这张一百元的钞票呢？"他的话音刚落，台下的听众就马上都举起了手。看着密密麻麻举起的手，大师依然站在讲台上，而只是用自己的手继续高举着这张百元大钞。又过了一会儿，他继续问道："你们之中有谁想得到这张百元钞票呢？"再次听到这样的提问，有几个心急的人迫不及待地站起来，因为他们觉得举手已经不足以代表他们的决心。没想到励志大师依然站在讲台上，丝毫没有走下讲台的意思。观众们很疑惑，不知道大师的葫芦里卖的是什么药。

当励志大师第三次问"有谁想得到这张钞票"时，终于有观众急不可耐地离开座位，走上前去，从大师手中拿走钞票。这时，终于腾出手的励志大师鼓起掌来，在大师的带动下，不明所以的听众也纷纷鼓掌，但是他们并不知道大师鼓掌的原因。直到掌声渐渐平息，大师才说："和你们相比，他之所以能够得到钞票，最重要的是他站起来，让自己的屁股离

开了座位，并且走到了我的身边，从我手中拿走了钞票。这说明，与其坐在那里说一些大话和空话，还不如当即展开行动，这样才有可能获得成功。”

哪怕再有想法，哪怕把未来设想得再好，如果不能够真正展开行动，就会导致一切想法都变成空想。不管怎样，切实行动能够让我们消除内心的恐惧，而在行动的过程中，我们不得不应付各种突发的情况，也无暇再去杞人忧天。同样的道理，行动能够缩短我们与目标之间的距离，让自己得到更好的发展。正如一句广告词所说的，心动不如行动，我们与其羡慕成功者的成功和光环，还不如当机立断，并且切实地努力，不断靠近成功。

在真正获得成功之前，与其每天都把成功挂在嘴上，不如把成功握在手上，通过自己的努力更加接近成功。要知道，这个世界上没有不劳而获或者一蹴而就获得成功的人。成功是永远没有终点的，如果我们总是停留在原地，止步不前，那么就会被生活的洪流远远地甩下，最终成为失败者。

马上改变，人生经不起拖延

很多人都曾立志改变世界，想要创造自己的理想大厦。然而改变世界并不是那么容易做到的，甚至连最简单的改变自己，都会让人觉得很难。曾经有心理学家说，拖延是人的本能，不仅孩子常常会犯拖延的毛病，成人同样会拖延。面对改变自己的决定和计划，他们总是无限拖延下去，从今天拖到明天，又从明天拖到后天，日复一日，非但想做的事情没有做成，反而养成了一个坏习惯。实际上，人生是经不起拖延的，尤其是当需要改变时。一个人要想改变世界，就要从改变自己做起，否则一切美妙的幻想都会变成空想。

一寸光阴一寸金，寸金难买寸光阴，时间总是悄然流逝，并不会等待任何人。如果说这个世界上还有唯一公平的东西，那就是时间。对于每个人来而言，一天都是二十四小时，一小时都是六十分钟，一分钟都是六十秒。在我们眨眼睛的这一瞬间，时间就已经悄然流逝了。真正聪明的人从来不会浪费时间，更不会让自己的生命在毫无意义的等待中悄然流逝。细心的朋友们会发现，成功的人大多都非常珍惜时间，也能做到当机立断地行动。正如古人所说，一屋不扫何以扫天下，一个人只有先改变自己，才能拥有改变世界的力量。我们

一定要从现在这一刻就对自己进行改变，拒绝拖延给我们带来的伤害。

拖延是一种非常恶劣的习惯，而且会对人生造成毁灭性的伤害。一个人如果总是拖延，人生必然一事无成；一个企业如果拖延，最终会失去活力。在战场上，一旦拖延就会贻误战机，甚至失去生命。因而对于任何人而言，只有让自己快速行动起来抓住机会，才能获得新的生机；只有不拖延，马上改变人生，才能拥有更多的可能性。也许有些朋友会说拖延几秒钟没有关系，甚至几个小时的拖延也是在享受人生的悠闲。但实际上，人生是非常短暂的，没有人知道自己的生命将会在何时结束。我们只能抓住当下的这一刻努力拓宽生命的宽度，才能让生命变得更有意义，更充实精彩。

曾经有人说时间就是生命，大文豪鲁迅先生也说时间是组成生命的材料，浪费别人的时间就相当于谋财害命。正是基于这种观念的影响，如今很多人都讲究效率。特别是在商业战场中，商机转瞬即逝，一旦拖延就会导致行动无果，甚至事与愿违。所以不管是对于个人还是对于企业而言，拖延都是不可取的。

努力奋进的人从不拖延，因为他们知道，一旦拖延，就会让自己的内心变得懈怠，甚至失去千载难逢的好机会。其实在面对改变的时候，我们更应该当机立断，挑战自己和超越自己。只有这样，我们才能不断地提升和完善自己。

当然，拖延也并非一无是处，有的时候适当的拖延对于解决问题是有好处的。例如，在心情愤怒的情况下千万不要冲动行事，如果能够晚些做决定，给自己一些缓解情绪的时间，那么就能恢复理智，做出正确的决定。当然这是个例，在这篇文章里，我们所要讨论的是面对改变，必须当机立断。

生活中有很多人都有拖延症，有些职场人士总是把工作堆积如山，甚至在宽松的工作时间里，他们始终无法完成工作，只有在等待上交工作成果的时候他们才会急急忙忙地完成工作。毫无疑问，这样的工作不仅效率不高，而且工作的结果也不尽如人意。总有一天，他们会为浪费了宝贵的时间和生命而后悔。

真正优秀的人不会拖延。很多人都羡慕职场上那些精干的人，他们不但能力超强，而且拒绝拖延。他们认为拖延是非常可怕的，也觉得拖延是被动的生活和工作方式，最主要的是他们要想有所成就，就不能拖延下去，因为拖延并不能解决问题，反而会贻误解决问题的最好时机。有的时候，内心胆怯自卑的人会无意识地拖延，他们无法从容地主宰人生，从而让自己的人生陷入恶性循环。

作为一家企业的负责人，杰克悲哀地发现企业的工作效率越来越低。整个企业中，上至管理层下至工厂里的工人，都处于消极怠工的状态。杰克不知道企业到底怎么了，是否就像人身患绝症、无可救药了呢？为了解决问题，无奈的杰克专门

请来工作小组入驻企业，希望找出企业的症结所在。在经过一段时间的观察之后，工作小组得出了一个至关重要的结论，那就是这家公司里从上到下、从下到上每个人都有严重的拖延症，这使得整个公司工作状态懈怠，原本一天之内能完成的工作量目前甚至要三天才能完成。

为了改变拖延的状况，杰克号召大家把“绝不拖延”四个字贴在自己的工位上。此外，杰克还召开了全公司的会议，让每个人都打起精神来完成工作。为了保证效果，杰克还制订了一系列制度和政策，鼓励那些能够提前完成工作的员工更加努力地提高工作的效率。当然，杰克也不忘身为示范，他先把自己做到最好，然后再对其他人提出要求。

在经过一段时间的整治之后，企业焕然一新，获得了新生。由于某些老员工不能改变拖延的习惯，杰克不得不狠心辞退他们，再招聘新员工，为公司注入新鲜的血液。为了让员工拥有行动力，杰克还让新员工去参加军训，让他们学会服从命令，马上行动。就这样，整个公司都变得不同了，效率倍增，不但达到了正常的工作效率，而且还创造了产能上的奇迹。

对于工作而言，拖延是一种绝对要不得的坏习惯。人都是有惰性心理的，对于任何事情总是能拖就拖下去。小到一个电话，大到一个项目，都可能被拖延。更甚者，消极怠工的情绪会在整个工作环境中蔓延，甚至会影响其他人。如果一个人

看到另一个人没有认真工作也受到惩罚，因而也消极怠工，那么整个公司就会被拖垮。所以对于企业管理者而言，最重要的是让每个人都马上动起来。改变从来不嫌太晚，改变就应该在当下这一秒。

你今天拖延了吗，如果你没有拖延，那么恭喜你，如果你拖延了，那么一定要引起警惕，问清楚自己为何拖延。如果你想成为改变世界的人，那么你就要在当下这一刻先改变自己。面对诱惑，如果拖延下去，就会遭受诱惑的伤害；面对机遇，如果拖延下去，就会与机遇擦肩而过；面对决定，如果拖延下去，也许决定就会从明智变成愚蠢，因为当时当下的环境已经与需要你做决定的时候完全不同了。

立即就干，绝不让拖延蹉跎你的人生

艾伦一直有一个毛病，办事情总是拖延，不仅在生活上是这样，在工作上也不例外。例如，在工作中艾伦常常会积压一大堆来信。如果第一封信中涉及一个棘手的问题，艾伦就把它搁置一旁，找一封容易答复的信去处理。就这样，没多久的时间，艾伦手头那些没有回复的信已经堆了好几包了。可是在艾伦眼里这是没办法的事，他感觉无法改变。

对此，曾有人告诉过他："不要以为拖延的习惯是无伤大局的，它是个能使你的抱负落空、破坏你的幸福、甚至夺去你生命的恶棍。"

是的，或许在艾伦看来拖延不是大事，他也无心改变，但是我们却不能把这种习惯当成是一种独有的个性，也不要觉得自己改变不了这种现状。其实，拖延对我们来说是一个非常严重的问题。但正如别的问题一样，它也同样可以被改正。所以，有人建议艾伦："你不应当回避那些棘手的信，应当首先处理它们。你因此会得到鼓舞，从而能够更加游刃有余地完成其他任务。"

后来，艾伦听从了大家的意见，也认识到了事情的严重性，他决心彻底改掉这个毛病。艾伦不断向身边的人学习，他

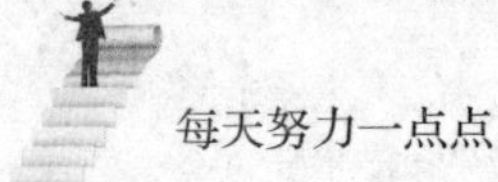

自己也掌握了一个原则：如果有一件事情要做，立即就干。最后，艾伦终于成功地改掉了拖延的恶习。

拖延让我们的惰性越来越强，拖延让我们的借口越来越多，拖延让我们成事越来越少。总之，拖延就是潘多拉的魔盒，一旦打开，就会把我们推向无底深渊。如果你想做一个有上进心的人，如果你不想蹉跎你的人生，那么就不要为自己的拖延找借口了。

程刚和李寒是大学同学，关系比较好，于是毕业之后他们去了同一家公司面试，幸运的是两人都被该公司录取了。因为刚毕业没什么经验，所以一开始，公司给他们开出的薪水都很低。面对低薪，程刚愤愤不平，于是在平时的工作中，程刚总是埋怨、推卸责任，还利用工作时间和同事闲聊，毫无顾忌地把工作丢到一旁。渐渐地，程刚做事变得拖拉起来，效率低下，要他星期一早上交的方案，到星期二早上依然未做完。经理批评他，他就带着情绪工作，把方案做得一塌糊涂。再后来，程刚接到工作任务时，不是考虑如何把工作做好，而是一开始就在想如何开脱、推卸责任。

李寒则不同，他虽然对低薪也感到不满，但他并未一味地去抱怨、闹情绪。在李寒看来，机会来自汗水，一分耕耘一分收获，只有今天的努力，才能换来明天的收获。李寒懂得多利用时间学习，他经常在车间走动，熟悉制作工艺，学习产品生产流程，即使汗流浃背，也一丝不苟。长时间下来，李寒的

负责、勤奋、好学引起了厂长的注意。不久，李寒就被提拔为厂长助理，而程刚因为对工作总是一拖再拖，最后被公司解雇了。

担任助理一职后，李寒依然积极主动，认真负责地处理厂里的每一项事务，分内的、简单的事，他总是第一时间完成；重要的、紧急的、需要领导决策的事情，他会及时向厂长汇报，并督促各部门及时把工作做好，做到位。在李寒的组织管理和协调下，公司的生产效率得到了极大的提高。

工作中很多人喜欢拖拖拉拉，好像自己做得慢点就占了便宜一般。他们觉得这是一种明智之举；这样做不但会使自己的工作变得轻松，而且所得到的报酬也不会因此而减少，那么又何乐而不为呢？可是他们却没有发现，他们已经把自己推到了懒惰、平庸、枯燥、失败的边缘。

工作中因拖延而丧失斗志，生活中也因为拖延而浪费时间的人不在少数。很多人总是这样想，“等我富裕了，我一定带着我的父母到各国转一转；等我有时间了，我要去看看我之前的小伙伴；等我条件再优秀一点，我就对我喜欢的女孩表白；等到下一个春天到来，我一定会陪你去看最美的风景……”等着，等着，时间都过去了，而我们到底实现了几个当初的愿望，又兑现了多少诺言呢？其实很多事情我们都想做，可是都没做，我们总是在等待最恰当的时刻。事情就这样一天天、一次次地拖着，在拖延的过程中，我们蹉跎了岁

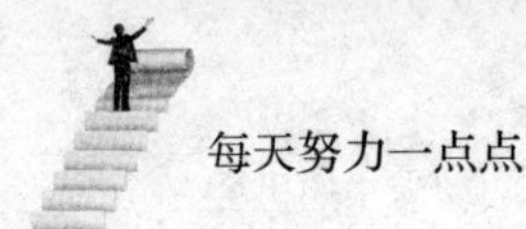

月，也留下了遗憾。时间不等人，拖延让我们可以做的事情越来越少。所以不要拖延，有什么事情就尽早去做吧，不要让拖延的毛病导致自己一事无成。即刻去做，不仅能提高你的办事效率，也是一种良好的生活习惯，更能体现出一个人对生命的尊重。

敢想还要敢做，方能逆流而上

科学家卡莱尔曾经说过：“要迎着晨光实干，不要面对着晚霞幻想。”这句话形象而准确地告诉我们：人不能沉迷于美好和远大的理想之中，还应该付出比别人更多的努力去实践。当我们发现一个良机的时候，就要敢于付诸行动，而不是犹豫不决。在这个世界上，许多伟大的成功都属于那些敢想、敢做、敢面对失败的人，而那些所谓智力高超、才华横溢的人也会因为犹犹豫豫、瞻前顾后，不去付出行动而最终一无所获。

人们常说“高风险意味着高回报”，只有那些敢于冒险的人，才能赢得人生的辉煌。当然，那些面临风险依然可以果断做出决定的人肯定胆识过人，而且始终将行动放在第一位，敢想敢做，逆流而上，结果往往获得了出人意料的成功。

有一天，一位园艺师傅向井植岁男说：“社长先生，您的事业如日中天，而我却像一只蚂蚁一样在地上爬来爬去，根本没有出息，什么时候我才能赚到钱呢，才能像你一样成功呢？”井植岁男说：“这样吧，我看你比较精通园艺，在我工厂边有几万平方米的空地，咱们合伙种树苗吧。那么，你告诉

我，一棵树苗多少钱？”园艺师傅回答说：“40元。”

井植岁男说：“那么以一平方米地种两棵树苗计算，扣除道路，如果是两万平方米就能够种植2.5万棵树苗，树苗成本是100万元，你算算，3年后，一棵树苗能卖多少钱？”园艺师傅回答说：“大约3000元。”井植岁男说：“那么，这样，那100万元的树苗成本与肥料由我来支付，你就负责浇水、除草和施肥，3年后，我们就有600万元的利润，到那个时候，我们每个人从中就能取得一半的利润。”那位园艺师傅听了吓了一跳，拒绝说：“哇！我不敢做那么大的生意，我看还是算了吧。”

一句“算了吧”让园艺师傅错失了一个成功的机会。就像这名园艺师傅一样，很多人每天都梦想着成功，然而，当自己有了好的想法，可以投入实践的时候，却没有勇气去尝试。他们心中有的只是对失败的顾虑，因此最后失去了成功的机会。巴菲特的投资事业告诉我们：成功是离不开行动力和勇气的，相比较智慧，我们更需要果断尝试。

在职场中，许多人都想改变自己的处境，想比现在做得更好，甚至，梦想着做一番事业。但是，他们往往是有了想法却总是瞻前顾后、犹豫不决，以至于许多好的想法、计划都死于腹中。最后，他们依然一事无成，只是平平庸庸地度过了一生。一些敢想敢做的人能够马上将自己的想法付诸实践，虽然偶尔会碰壁，但他们最后一定会成功。出现这样截然相反的

情况，是什么原因呢？因为前者缺少了行动力，他们只愿意想，而不敢去做，所以，成功的机会总是与他们擦肩而过。

内向者常常会陷入这样的境地：想得多，做得少。孔子说："君子耻其言而过其行。"意思是说，君子认为说得多而做得少是可耻的。在现实生活中，总是有这样一些夸夸其谈的人，他们口若悬河，说尽了大话，到最后，一件事情都没有完成，给上司和同事留下了"浮夸"的印象。一个人如果想要去做一件事，无论计划多么完美，倘若没有将其付诸实际行动，就不能体现出它的价值来。

事实上，当我们大脑中有了灵感就应该付诸实践，现在就去，马上就去，"现在"这一词语可以推进成功，而"明天""以后""某一天"就代表着"永远也做不到"。

如果现在你的脑中有一些好的计划，那么，就应该对自己说"我现在就去做，马上开始"，而不是说"我总有一天会去把它完成的"。在现实生活中，有许多人渴望成功，但却从未想过自己应该下怎么样的决心才能获得成功。那些坐在办公室里无所事事的职员，永远都是等待机会自动来到自己眼前。在他们身上，缺少强大的决心，缺乏行动力，因此，他们只会在等待中碌碌无为地过一生。

只要去做，每个人都可以是自己人生的造梦者

回家过年的时候，听亲戚们谈起三叔家的堂姐：在两个月前，堂姐刚刚拿到一级建造师和一级消防的资格证书，以后每年光靠这些证书在手就能够有不少额外收入。听说当时他们单位里一共有七八个人一起参加考试，只有堂姐和另外一个人考试通过了。堂姐今年35岁，有一个两岁的女儿，单位给她的工资又涨了将近1000元。现在堂姐又在自学准备考其他的资格证书。家里人纷纷夸奖堂姐，羡慕三叔命好，生养了一个好女儿。他们都说女孩结婚生子以后基本就跟职场说了拜拜，但堂姐却用实际表现给了现实一个耳光。

但堂姐并不是一开始就是这样的，小的时候一众姐妹当中，就数堂姐最像“假小子”，平时不是出去淘气就是跟着男孩子们一起“闯江湖”，全然没有女孩子该有的文静和秀气。小学三年级的时候，三婶去世了。三叔一个人既当爹又当妈地拉扯堂姐。堂姐本来和三叔的关系就很冷淡，自此以后更是叛逆起来，三叔的话是一点都听不进去，更不要谈好好学习。

初中毕业之后，堂姐就出去上班了，在老家的一个服装厂里的流水线上做纽扣工。工厂里的生活枯燥乏味，没有人会

体谅你只是一个还没长大的小孩，若没有完成当月的指标，也会被扣发工资。在工厂的这一年时间里，堂姐吃了很多苦，于是下定决心重返学校，在家里没黑没白地学了3个月，瘦了十几斤，终于擦边考进了市里的技校。3年之后，堂姐毕业，拿到了中专文凭，成了建筑公司的一名行政人员。家里人都在劝堂姐赶紧相亲找个对象，结婚生子以后在家带孩子就行了。但是重新进入学校的美好生活，有了文凭以后不一样的工作环境和平台，都让堂姐深深体会到了知识的重要性。于是，堂姐毅然选择了边工作边读书这条道路。

工作过程中，堂姐很努力，常常自诩“笨鸟要先飞”。同时，文凭不高一直是堂姐的隐痛。于是，在毕业第三年的时候，堂姐就下定决心自学大专课程，两年以后，就顺利通过考试拿到了大专文凭，还收获了属于自己的爱情。结婚以后，堂姐也没有放弃自学文化课程。她又用了两年的时间，自学了本科课程，拿到了土木工程的本科证书。这几年的时间里，我们也就每年过年回家的时候会见面，我没有看过堂姐如何学习，就看到堂姐身材一直偏瘦，但是每次说话的眼神越来越坚定自信。

结婚没多久，堂姐就怀了孕。在家休产假的期间，堂姐也没有闲着，而是有时间就会看书学习。孩子出生以后一直到现在也都每天坚持看书1个小时。10年的时间过去了，现在的堂姐终于活成了自己想要的样子。

堂姐的事情一直激励着我不断努力，也让我更加深信：其实，我们每个人都可以是自己人生的造梦者。那些所谓的“逆袭”，不过是个人拼尽全力之后的苦尽甘来。亲爱的朋友，当你看到别人光鲜亮丽的时候，希望你也能理解到，曾经的他是走过了怎样的黑暗。而他们不过是凭着内心这一股不惧前行的信念，最终熬到了人生的曙光。亲爱的朋友，请你记住：并不是每一个看起来很成功的人都有着天生的幸运与轻松，其实他们也只是比别人多经历了一些挫折和失败，明白了人生的真正追求，继而拼尽全力努力前进而已。

亲爱的朋友，这世上从没有人能够保证努力就一定会成功，但我们能够保证：不努力结果一定会很糟糕。其实，努力从没有多么了不起。生活在竞争异常激烈的现代社会，努力其实只是我们正常的生活状态。而我们穷尽一生地努力，也不过是为了更好地过好属于自己的普通生活。

亲爱的朋友，很多时候，我们之所以会失败，就在于想得太多而做得太少。我们总是将人生中的大部分时间都花在了设想与抱怨之中，而没有脚踏实地地行动与实践。因此，亲爱的朋友，请学会保持自律，保持行动，保持积极与主动。有所选择以后，就拼尽全力，不留遗憾。

第 08 章

完美蜕变，一步步磨炼成就优秀的你

不逼自己一把，永远都不知道自己多优秀

有句话说得好“不逼自己一把，你永远不知道自己有多优秀”。是的，有时候我们就是对自己太过纵容，因此无法激发出自己的潜能，也看不到自己优秀的处理能力。每个人都有潜能，但潜能需要激发。一个人，必须要通过磨练，才能活出自己。如果不逼自己一把，你永远都不会知道自己有多能干。不要老是为自己的不努力找借口，在困难面前也不要为自己的怯懦找退路。做一个强者就要敢于突破自己，对自己狠一点，这样你才能更加优秀。

有一位年轻人从小家里就非常贫困，迫于生活的压力，十几岁时就不得不到处推销保险。在工作的第一天，他只身一人去跑客户。当他走到一座大楼面前时，抬头看着这高耸的大楼，环顾人来人往的道路，他非常紧张，也非常害怕。可是，这时他想起了自己的座右铭：“如果你做了，没有损失，还可能有大收获，那就下手去做。马上就做！全力以赴！”

生活困窘的他逼迫自己走进了大楼，尽管他很害怕会被人“踢”出来，但这样的事情没有发生。

每当他踏进一所办公室的时候，他都用自己的座右铭来激励自己，为自己加油打气。不管自己多么紧张，他都逼迫自

己去坦然面对。因为他要生活，他知道自己没有退路。

第一天，他卖出了2份保险，虽然不算太成功，但在了解自己的性格和工作方式方面，他却收获颇丰。

第二天，他卖出了4份，第三天增加到6份……他在一步步走向成功！在他看来，一个人只要逼自己一把，不要逃避，那么再大的困难也会度过。马上行动，全力以赴，你就能成功！

这个年轻人就是美国著名的推销大师克里蒙。

朋友们，我们不要无视自己的能力。其实我们每一个人都是很棒的，只不过有的人付出了行动来证明自己，而有的人在困难面前不知所措罢了。古时候作战经常采用“置之死地而后生”的计策：将士兵们引入没有退路的绝境，促使他们竭尽全力、勇往直前， 直至打败敌军赢得胜利。处于绝境的士兵要想活着，就必须豁出一切逼迫自己向前冲。破釜沉舟的故事说的正是这一点。

秦朝末年，赵王赵歇的军队被秦军大将章邯围攻，在巨鹿陷入秦军的包围中，危在旦夕。当时，楚怀王任命宋义为上将军，项羽为副将军，前去救援赵国。

宋义本是一个胆小无能、自私自利之人，他用花言巧语迷惑楚怀王，取得了楚怀王的信任，并获得了上将军的职位，但是，真正到了战场上，他却非常害怕和秦军交锋。于是，当将士们一个个摩拳擦掌，准备与秦军拼杀时，宋义只是

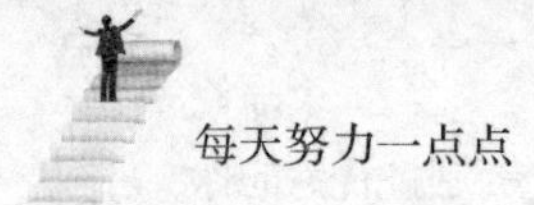

躲在帐中饮酒作乐，迟迟不下令进攻。

项羽在多次劝说无果后，忍无可忍，冲进帐中杀了宋义，并说他叛国反楚。之后，楚军众将士便顺势拥立项羽为上将军。

之后，项羽带领军队，全军出发，前往巨鹿为赵国解围。在全军渡过黄河之后，项羽命令士兵每人带上3天口粮，然后砸碎了军中全部的锅。命令下达后，将士们都愣住了，项羽说道：“没有了锅，我们就可以轻装上阵，以最快的速度去解救危在旦夕的盟军。至于吃饭的问题，等我们打过去，再到章邯的军中去取锅做饭吧！”

之后，大军又渡过了漳河，项羽又命令将士们将所有的渡船凿沉，同时还烧掉了所有的行军帐篷。

将士们一看，所有的退路都没有了，打赢了便能够带着荣耀活着回来，而打输了便只有死在战场上了。于是，所有的将士们都奋勇向前，以一当十，与秦军展开了厮杀。战场上杀声震天，楚军将士越打越猛，直杀得战场上血流成河。最后，经过多次交锋，楚军终于大败秦军，赢得了这次著名的以少胜多的战役。

逼自己一把，你就能看出自己有多优秀；逼自己一把，你才不会总给自己找退路。朋友们，如果遇到困难，我们不要总想着逃避，说不定向前走一步就能找到解决问题的方法。不要太宠着自己，因为你会把自己惯坏的。多一点磨炼，才能多一点成长；多一点努力，才能多一点成就。

懂得为自己奋斗的人，都会努力寻找开启成功的钥匙

让自己进步的方法很多，“每天做点困难的事”，就是“逼”自己进步的办法之一。美国学者爱默生说：“永远做你害怕的事！”毕业于哈佛大学的美国哲学家詹姆斯也说：“你应该每一两天做一些你不想做的事。”的确，谁不想安安稳稳地走完人生之路，谁愿意累死累活地跟自己过不去呢？可是，如果不这样，我们就不可能进步。

成功者在种种复杂而恶劣的环境里，仍然能一如既往地保持不断向前的观念。因为只有做到如此，才能获得更大的成功。成功，在于不断超越。超越是一种突变，一种解放，一种升华。正是借由超越，人类才能从蒙昧无知的洪荒远古走向文明昌盛的今天。只有勇于超越，不停地调整生命的目标，我们才能从一个高峰跃向另一个高峰，在生命的峰巅之上，领略壮美的风光。

别人所给予的永远都不会属于你自己。一个想要成功的人，不应满足于送入笼中的食物，而应该努力掌握自己捕猎的技能，找寻开启这个世界的钥匙。没有什么神明能保佑你，能帮助你摆脱现状的唯有自己——你就是自己的主宰！懂得为自己奋斗的人，决不会满意于目前的成就，也不会因为他人的夸

奖而沾沾自喜。他们总是不停地向前迈进，在他们的眼中，下一次的努力永远都可能创造更高的成就。

人的一生，最大的敌人不是别人，而是我们自己。只有超越自我，才能懂得怎样去衡量别人的价值；只有超越自我，才会明白如何接纳自己以外的一切；只有超越自我，才能使自己的人生更加丰富多彩；只有超越自我，才能展望到生命的全貌，绘画出人生没有断点的轨道。

每一个人都应该永远记住这样一个道理，只有不断超越自我的人，才是一个真正聪明的人。人生在世，你只要按照自己的禀赋发展自己，不断地突破心灵设下的枷锁，你就不会忽略了自己生命中的太阳，湮没在他人的光辉里。不要以为自己很聪明就不用努力了，你应该把聪明看作是你自己的起点，而不是终点。一切都会成为过去，迎接你的将是一个个新的挑战。

人生是一条奔腾不息的河流，永远不会停留在一个地方，也不会停留在某一阶段，它需要不断地超越。超越是升华，是突变，是人生不可缺少的结点。没有这种超越，一个人就不可能成长为一个真正的人；没有这种超越，人类就不可能从愚昧无知的远古走到文明昌盛的今天。人活在世上，不能总为自己的那点“小成绩”而沾沾自喜，贪图安逸享受，放弃了努力奋斗。满足现状的人，永远也享受不到人生的真正乐趣。

有一个心理学家曾经说过：“你一定比你想象的还要好”，但是许多人并不这样认为。杰出人士往往在小小年纪时就怀有大志，想法与众不同，无论遇到任何磨难，仍相信自己是最好的。你是不是有这样的信念，有别人打不倒的自信心呢？你的坚持有多强，你的自信就有多强，你的路就有多长。

今天不流汗，未来就会流下悔恨的泪水

你还记得刚来到这个城市时的生活吗？蜗居在这个城市的某一个角落，或者住在地下室，或者住在租来的平房里，为了省钱，不得不每天公交车换乘地铁去奔波。在这样日复一日的重复之中，你开始感到迷惘：我为什么放着家里好好的生活不去过，而要这么辛苦呢？其实，你就是为了梦想。

为了梦想，你坚持每天往返奔波4小时；为了梦想，你坚持加班，不叫苦抱怨。每当休息的时候，能够睡到自然醒你就非常满足，周末的时候偶尔能够和朋友一起吃饭喝啤酒你就会感到很幸福。你不得不让自己变得更有弹性，以应付随时都在改变的生活。你很清楚，既然没有一出生就含着金汤勺，就只能靠自己去奋力打拼。如果今天不流汗，未来就会流下悔恨的泪水、付出惨痛的代价，既然如此，就继续去努力吧。命运从来不会亏欠一个努力的人！

小慧是一个非常优秀的女孩。原本，她出生在富二代家庭，有着殷实的家境，根本不需要她多么奋力去打拼。而且小慧身材高挑、面容清秀，很多女孩都对小慧的外貌十分羡慕。然而，小慧不但运气好，还非常努力。

在班级里，小慧的学习成绩非常好，她衣着朴实，整个

大学期间当其他同学都忙着休闲娱乐的时候，她却始终在不遗余力地努力进取。她不但门门功课都是优秀，而且还过了英语八级，考取了托福。才毕业，她就出国深造，进入一所世界知名大学。然而，小慧的梦想绝不仅限于当一个学霸，在国外读大学期间，她注册了属于自己的公司。等到大学毕业，她的公司早已经发展得初具规模，她根本不用进入家族企业，只需要经营自己的公司就好。

不得不说，当比你更优秀，也更有资本休息的人都在不遗余力地努力，你有什么资格淡然地面对生活，说些随遇而安的话呢？通常情况下，那些家庭环境不好的孩子非常努力勤奋， 就是因为他们对于现状不满，想通过努力彻底地改变命运。那么，即使有着安逸的生活，我们也依然要非常勤奋和努力，这样才能最大限度地激发自身的潜能，也才能最大限度地创造充实精彩的人生。

现实生活中，有太多的人只看到他人表面上的成功，却没有意识到他人在成功背后付出的辛苦和努力。记住，任何成功都不可能是一蹴而就的，任何时候天上都不会掉下馅饼。一个人只有拼尽全力去努力，才有资格走近梦想，也才有可能实现梦想。现代社会，家世背景固然重要，但是能力水平才是更加重要的。如果那些比你有钱、比你优秀的富二代都在努力，如果那些明明可以靠颜值的人还在全力以赴，你还有什么资格抱怨，有什么资格在理应奋斗的青春年代里选择安逸

呢？真正的成长不是年纪的增长，而是能够在不断成长的过程中增强自己的实力，证明自己的能力，也最终超越和成就自己！

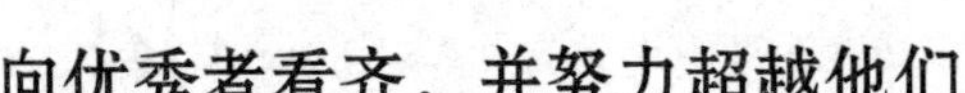

向优秀者看齐，并努力超越他们

人生中需要长期目标的指引，保证大方向的正确和不失偏颇。但是过于长期的目标是无益的，毕竟长期目标并非一朝一夕间就能实现的，就像漫长的旅途容易使人感到劳累一样，过久的拼搏奋斗却没有激励，同样会让人感到疲惫不堪。因此，很多人都会把长期目标进行分解，使其成为若干个短期目标。当这些短期目标达到之后，人们就会感受到成功的喜悦，也会因此变得更加自信。

除了分解目标之外，还可以采取为自己树立榜样的方式激励自己。尤其当选择身边熟悉的朋友或者同事，甚至是兄弟姐妹为榜样时，我们因为总是能够看到对方，切身感受到对方的成功，就更容易受到鞭策和激励。而且，因为榜样是有血有肉的鲜活的生命，所以榜样不但可以激励我们努力进取，寻求超越，也可以成为我们学习的对象。所谓青出于蓝而胜于蓝，当我们真正超越了自己的榜样，一定会感受到巨大的喜悦。毋庸置疑，超越成功者，我们就一定能够获得更大的成功。换言之，我们也只有获得比榜样更大的成功，才有可能超越作为榜样的成功者。

现实生活中，有很多人都做着白日梦，幻想着自己有一天能够变得非常伟大。实际上，一味地做白日梦并不能帮助我们实现理想，真正切实有效的方法是从熟悉的人中找一个人作为自己的目标，等到超越他之后，再重新确立一个更优秀的人作为自己的目标。如此一个一个优秀者挑战下来，你会发现自己就像登台阶一样，已经不知不觉进步了很多，人生也就发生了翻天覆地的变化。

刚刚升入初三的羽凡突然感受到巨大的压力。原来，一直以来羽凡都很贪玩，但是初三的压力却使他清楚地意识到自己不能继续玩下去了，只有考上重点高中，才有可能进入名牌大学，由此进入人生的大舞台。羽凡可不想因为这一两年的玩耍导致一辈子都受到压制，他想为自己增加一双翅膀，从此展翅翱翔。

如何才能迅速取得进步呢？成绩在班级里处于中下水平的羽凡有些摸不着头脑，也貌似找不准方向。思来想去，他决定就从同桌下手。原来，每次考试，同桌的排名都比羽凡靠前五六名的样子。羽凡认为自己尽管求胜心切，但是心急吃不了热豆腐，也不能急于求成。就这样，尽管羽凡的最终目标是成为班级的尖子生，但是他却先把同桌看成了榜样和对手。经过一个月的刻苦努力，在月考中，羽凡的名次果然超过了同桌，甚至还比同桌靠前一名呢！这个小小的成功让羽凡非常高兴，也因而对自己更有信心了。接下来，他把坐在前排的琳娜定为目标。琳娜的成绩在班级的六十个人中，排名三十左

右。如此一来，羽凡相当于在下一次考试中还要提高五名。

确定目标之后，羽凡继续努力，而因为提高五名并不需要过多的分数，所以他心理上相对也比较轻松。为了尽快提高分数，他先从弱项英语下手，每天早晨都早起背诵英语单词，朗读英语课文。果不其然，在下次考试中，羽凡的总分居然上升了八个名次。接下来的时间里，他把目标定位在班级排名二十的小风。要超越小风，只需要再进步两个名次，也许只要少因为粗心错一题，目标就能实现。期终考试时，羽凡非常认真细心，居然戒掉了粗心的毛病，如愿以偿地把名次提高了两名。如此不断超越榜样，在中考时，羽凡顺利考进班级前五名，进入了梦寐以求的重点高中，也让父母以及所有老师同学刮目相看。

毋庸置疑，假如羽凡在班级排名四十左右的情况下，想要一步登天地考入前五名，这几乎是不可能实现的。过高的目标反而会给予羽凡巨大的压力。而把身边比自己更优秀的同学作为榜样去超越，目标更加明确且触手可及，效果自然事半功倍。此外，羽凡还能从一次次的暂时成功中获得信心，从而使自己的提升计划进入良性循环。

其实，这种超越成功者的方法不仅适用于学习，也适用于人生中的方方面面。如在职场上，我们不可能从一个普通职员一跃成为高层管理者，所谓饭要一口一口地吃，路要一步一步地走。当你处于公司基层时，千万不要这山望着那山高，更

不要眼高手低。唯有脚踏实地地勤奋工作，让自己一个台阶一个台阶地往上攀登，才能最终完成人生目标，实现自己的梦想。

现代职场竞争异常激烈，每个人都要靠不断超越才能得到长足的发展。假如我们一味地沉浸在对美好未来的幻想中，甚至把目标定得过高且不切实际，我们的自信心就会备受打击，也难以真正实现理想。所以，我们可以以成功者为榜样，向他们学习，通过超越他们不断进步。

束缚我们的不是客观世界，而是我们的内心。我们无法挣脱内心的囚牢，就会彻底被人生禁锢住，再也无法展翅翱翔。因而朋友们，最重要的是要打破心底的桎梏，这样我们才能海阔凭鱼跃，天高任鸟飞。

很久以前，有个女孩高考失利，因此高中毕业后只能待在家里。后来，妈妈四处托人找关系，把她安排在村小里当代课老师。然而，当老师也并不容易，她走上岗位不到一个星期，就因为连最简单的数学题都无法讲清楚，被学生们赶下了讲台。她沮丧地回到家里，见到妈妈，不由得委屈得直掉眼泪。妈妈什么都没有说，只是告诉她："有人能把肚子里的东西倒出来，有人哪怕有一肚子的东西也倒不出来。所以，你不要伤心，你一定能够找到适合你的工作。"

在家里休息几天之后，她就和村里的小姐妹一起去了南方的服装厂打工。然而，她才干了不到一个月，就被老板辞退

了。原来，那些女孩全都技术熟练，但是她根本不会裁剪衣服，在流水线上也总是跟不上进度。看着失望而归的她，妈妈又说：“没关系，那些女孩几年前就去服装厂打工了，她们自然轻车熟路。这么多年来，你一直在学校里读书，当然无法像她们那样信手拈来。”就这样，她又换了很多份工作，不但当过会计，干过市场管理员，甚至还去当了纺织女工。遗憾的是，她始终没有找到适合自己的工作，因而不管干什么都半途而废。

眼看着到了而立之年，她去了聋哑学校当老师。看着那些残障的孩子们，她心中的爱如同泉水般涌了出来。很快，她就成立了属于自己的残障学校，而且还在全国范围内开了很多专门经营残疾人用品的连锁店。如今，她俨然事业有成，身价不菲。有一天，她突然问年迈的妈妈：“妈妈，我这么多年，干什么都不行，您为何总是相信我呢？”妈妈笑着说：“一块地，如果不适合种麦子，那么可以尝试着种豆子；如果种豆子收成也不好，那么就可以试着种蔬菜。假如种蔬菜也不合适，那么不如种瓜果。当然，最不济的情况下，还可以种荞麦。荞麦生命力顽强，总能够开花结果。总而言之，对于任何一块地来说，总有一粒种子适合它，它也必然有所收获。”她感动得热泪盈眶，原来这么多年来，母亲绵延不绝的爱浇灌了她这粒种子，使她最终生根发芽，开花结果，硕果累累。这就是爱的奇迹。

这不仅是爱的奇迹，也是尝试的结果。在三十岁之前，女孩一直在尝试各行各业，却始终没有找到最适合自己的工作。直到三十岁，机缘巧合，也或者说是冥冥中有一种力量，把她带到聋哑学校，使她突然找到了最适合自己这粒种子的土地。这样一来，她终于发挥了自身的潜力，最大限度地成就了自己。

现代社会发展非常迅速，任何人要想在人生中有所收获，成就自己，就必须珍惜每次接触新事物的机会，不断地提升和完善自我。当然，我们都不是神枪手，无法在第一时间就命中目标，那也没关系，所谓年轻就是资本，趁着年轻，我们还有时间去不断尝试。只要我们拥有足够的耐心，只要我们坚持不放弃，我们最终一定能够找到适合我们生长的土地，从而最终成就我们的辉煌人生。

具备自我反省能力的人，总能不断完善自己

著名的思想家曾子曾说过：“吾日三省吾身，为人谋而不忠乎？与朋友交而不信乎？传不习乎？”这句话告诉我们一个道理，那就是学会反省。自我反省的能力是一种内在的人格智力，是认识自我、完善自我和不断进步的前提条件。具备自我反省能力的人，能正确地看待自己的不足，并随后能够心甘情愿地去不断完善自己，让自己变得更加优秀。

陈玉成再次失业了，到处应聘也没有找到一份合适的工作，心里十分烦恼。有一天晚上，他坐在自己的出租屋里沉思。想起自己的三个好朋友：张寒、李运和陈刚。他们都混得比自己好多了。他们都干着相当体面的工作：张寒是工程师，李运是一名运营经理，而陈刚在一家杂志社当主编。陈玉成扪心自问，自己并没有什么地方不如他们。经过长时间的反思，陈玉成终于明白了自己落后他人的原因，那就是性格上的缺陷。

陈玉成一直想到凌晨两点，但是他的头脑依然很清醒，他用自省的“镜子”观照自己，发现自己第一次看清了自己，认识到了自己身上的种种缺陷。一直以来自己常常骄傲自大，而且做事情比较冲动，在工作上没有进取心，另外意志也

不够坚定。然后，陈玉成痛下决心，决定痛改前非，做一个自信、乐观的人。

第二天，陈玉成怀着自信去面试，结果被顺利地录用了。在他看来，他之所以能得到那份工作，与前一晚的反省有很大的关系。

上班以后，凭着自己的努力，陈玉成很快就在公司树立了良好的口碑。有一段时间，公司的经济状况很不景气，员工的情绪都不稳定，而意志坚定的陈玉成成了公司的中流砥柱，他力挽狂澜，带领公司的员工渡过了难关。因为他在公司最危难的时候做出了很大的贡献，老板将他提升为副总。

从陈玉成身上我们可以看出，他之所以能够取得成功，离不开自己的反省意识。是的，如果不懂得常常反省，那么你就不知道自己的缺陷在哪，也不会明白怎么去改善自己。只有多多反省，才能巧妙地运用自己的能力，使自己走向成功。

反省是人们认识自己的秘诀，大多数人因为没有经常反省自己的习惯，所以经常看不到自己的变化和周围环境的变化，进而看不清自己的本质，无法思考自己的未来。只有懂得了反省自己的不足，才能更好、更迅速地实现自己的梦想，才不会得过且过地去面对自己的人生。

李哥和陈哥是多年的朋友，他们在同一个地方的一栋高级写字楼里办公，各自有一家小型公司。李哥公司的工作环境非常不和谐，员工们经常为鸡毛蒜皮的小事吵架，人人相互戒

备，每天怨声载道，度日如年；而陈哥公司的员工们彼此之间则相互坦诚，相互尊重，人人笑容满面，每天心情愉快。李哥看到陈哥的员工们天天和睦相处，内心非常羡慕，却又不知其中奥妙所在。于是，有一天他去楼上想找陈哥讨教。不巧陈哥不在，在接待大厅，他向接待员讨教秘方。

李哥问："你们有什么好办法使公司里一直保持和谐愉快的气氛呢？"那位普通接待员不假思索地回答："因为我们经常做错事。"正当李哥对此感到疑惑不解时，忽见一员工从外面回来，走进大厅时不慎摔了一跤。

这时，正在拖地的勤杂人员立刻跑过来，一边扶他一边道歉："真对不起，都是我的错，把地板拖得太湿，让你摔倒了，我向你真诚地道歉。"站在大门口的值班员见状也跑过来说："不，都是我一时疏忽，没有及时提醒你大厅里地板还没有干，应该小心点。"摔跤的员工听后没有一句抱怨的话，更没有指责任何人，只是自责地说："不，不是你们的错，是我的错。都怪我自己太不小心了……"

看到了这一幕，李哥恍然大悟，他终于明白了陈哥的员工们和睦相处的原因所在。回到公司以后，李哥进行一系列的培训教育，让每个员工从自身做起，半年后，公司风气有了明显的好转。

与其抱怨社会的不公，生活的不顺，不如学会反省，反省让自己的内心更加舒畅明了。所以说，不论你性格好坏，

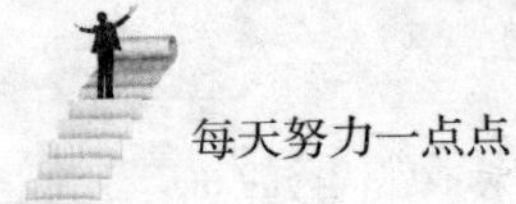

也不论你是否顺心，我们都要懂得时时去反省自己、检讨自己，这样你的生活才会变得更加和谐。

德国著名诗人海涅说得好：“反省是一面镜子，它能将我们的错误清清楚楚地照出来，使我们有改正的机会。”哲学家苏格拉底也认为：“未经自省的生命不值得存在。”反省有许多好处，它能让我们更清醒地认识自己。在宁静的心灵状态下，我们可以看清事情的本来面目，包括我们对事情应负的责任、做事的方法。懂得反省，才能更好地进步。

不要总是依赖于他人，靠自己的力量解决问题

现实生活中，每当遇到困难时，人们总是情不自禁地四处求助。然而，对于任何人而言，真正能够帮助自己的只有自己，因为他人的帮助也许能帮我们一时，却不能帮我们一世。任何时候，我们唯有鼓起信心和勇气，勇敢地面对困难，依靠自己的力量去解决问题，才能成为人生真正的强者。记住，人生强者的力量并非来自外界，而是来自他的内心。所以我们不要因为总是向他人寻求帮助而形成依赖性，否则我们自身的力量就会越来越弱。在这个世界上，只有你自己能够拯救你，别人只能起到帮助和辅助的作用。认清这一点之后，我们才能斩断自己的退路，从此之后一往无前，无所畏惧。

很久以前，有个人遇到了为难的事情，想去庙里求菩萨帮忙。来到寺庙里，他虔诚地跪倒在菩萨面前暗暗祈祷。当抬眼看着菩萨时，他用眼角的余光发现，和他一起跪在菩萨雕像面前的那个人，看起来非常像菩萨。他好奇地问："你也是来求菩萨的吗？"那个人转过脸来，对他点点头。他由此得以看清楚那个人的正面，更加确定那个人就是菩萨。惊讶之余，他忍不住问："你是不是就是菩萨呢？"菩萨又点点头，笑而不

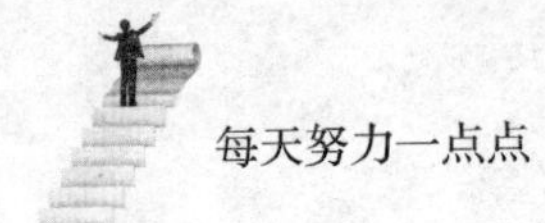

语。这个人更惊讶了，说："人人有事都来求您帮忙，您为什么要跪拜自己呢？"菩萨笑着回答："求人不如求己。"虽然这只是一个传说，但却为我们揭示了深刻的道理。这个故事告诉我们，这个世界上并没有真正的神仙，也没有救世主。任何时候，我们与其依靠他人来帮助自己解决问题，还不如发掘自身的力量，最终依靠自己的力量解决问题。

没有人的一生会是一帆风顺、顺遂如意的。每个人都会遇到很多困难和挫折，唯有积极主动地想办法解决问题，才能够拯救自己。然而遗憾的是，有些人总是把希望寄托在别人身上，一旦遇到小小的困难，马上就会想到向别人寻求帮助，最终他们如果得到别人的帮助，也许能暂时渡过难关，而如果被别人拒绝，却会错过自己救自己的最好时机。从这个角度上来说，一个人面对挫折的态度，决定了他最终的结局，所以面对人生的不如意，我们一定要理智从容，这样才能给自己最好的交代。

现代社会，很多年轻人都习惯于啃老，尤其是生活压力越来越大，职场竞争更加激烈。在大城市里，房价节节攀升，年轻人要想买房安家，不得不依靠父母的帮助。然而父母哪怕再怎么爱孩子，也只能陪伴孩子一程，人生的道路归根结底只能依靠孩子自己走完。从这一点出发去考虑，很多明智的父母绝不溺爱孩子，在孩子小时候他们就会有意识地培养孩子独立自主的能力，也引导孩子依靠自己的力量解决问题。这样

的教育方式下，孩子长大之后才不会把所有问题都抛给老人去解决。反过来，对于每个父母而言，孩子的自立自强才是他们最希望看到的。所以不管作为孩子，还是作为父母，我们都要积极地创造条件，努力主动地改变自己的命运，这样才能真正走出人生的困境，也才能真正在人生中有所收获。

既然在这个世界上对我们最无私的父母都不能永远帮助我们，那么有谁是我们可以依靠一生的呢？答案当然是没有，也就是说这个世界上没有任何人能够照顾我们一生。人和人之间的缘分有深有浅，关系有亲有近，但是每个人都是独立的生命个体，这是不可改变的本质。我们唯有认清楚自己在这个世界上的姿态，才能真正拯救自己，也才能让自己拥有更美好的未来。

每个人的脾气秉性并不是相同的，每个人的依赖心理也是不同的。依赖心理强的人，面对问题的时候总是不断地偷懒和妥协，或者无限拖延下去；而自立能力更强的人，面对问题则会当机立断地尝试去解决，绝不会把解决问题的希望寄托在他人身上。我们要培养凡事依靠自己的好习惯，当被别人拒绝帮助的时候，也不要觉得别人就是自私的、无情无义的。记住，别人帮助我们是情分，不帮助我们是本分，没有谁规定一个人必须帮助另一个人。

人生的不幸在降临之前从来不会发预告，有的时候人们会猝不及防地发现自己已经无路可走，被逼入了绝境。在这种

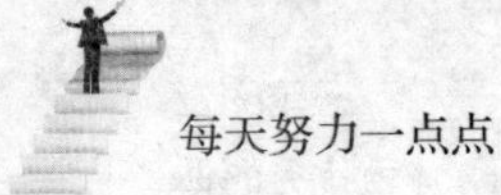

情况下，只能依赖自己，依靠自身的坚强力量，走过坎坷和挫折，走过人生的艰难困境。记住，这个世界上并没有真正的绝境，每个人只要愿意，就能够发挥自身强大的力量，找到切实有效的办法克服困难。诗人舒婷所写的那首《致橡树》，在诗中，舒婷表达了自己对于爱情的理想和渴望。她不愿意成为攀援的凌霄花，而要以树的形象与自己所爱的人比肩相立，根在地下相连，枝叶在空中遥相致意。不得不说，这是非常美好的爱情意境。人与人之间的关系亦是如此，没有人能完全依靠他人生活，也不应该完全依靠他人生活。

第 09 章

哪有什么一帆风顺，风雨兼程也要冲破黑暗

放弃努力，哪来什么收获

在职场几乎每个人都有很多的抱怨和牢骚。尤其是当付出和收获不成正比时，人们总是觉得自己被命运欺骗了。实际上，没有人的人生是一帆风顺的，有的时候即使付出了，也未必能够得到预期的收获。当我们无法如愿以偿地得到自己所期望的一切时，那只有一个原因，就是我们没有足够的付出。

很多刚进入社会的应届大学毕业生，对于职场总是有太多的奢望和不切实际的幻想，在刚刚工作时，他们因为感到新鲜，所以觉得工作是一件非常美妙的事情。尤其是在拿到第一个月的薪水时，他们会感受到自给自足的成就感。然而，等到时光悄然流逝，他们就会对工作越来越失望。他们会发现理想是丰满的，现实是骨感的，梦想中的工作与现实中的工作相差甚远，而且职场和学校也完全不同。正因为如此，他们越来越苦恼，甚至在与同事相处的时候也完全摸不着头绪，把握不准合适的尺度。在这种情况下，他们工作的状态从快乐变成了烦恼和抑郁。可想而知，在这样的状态下，他们又如何能激发出自身的全部力量，在工作中创造精彩呢?

在这个世界上，没有任何一份工作是让人享受的，哪怕我们从事着自己感兴趣的工作，也必然要辛苦地付出。很多人

渴望得到工作，渴望养活自己，为此他们终日奔波只为找到一份合适的工作。对于大多数人而言，他们正在做着自己并不喜欢的工作。工作的意义不但是提供生活的物质所需，也是为每个人的精神提供更有力的支撑。

不可否认有些工作的确是让人痛苦的，那么就不要再在这份工作上浪费时间和宝贵的生命，而应该当机立断辞掉工作，重新找一份让自己感觉好一些的工作，这才是让自己爱上工作的正确做法。当然，凡事皆有度，过犹不及，如果一个人对工作有小小的不满意就马上选择辞职，那么可想而知，他根本不可能在工作上有杰出的表现。因为没有任何一份工作能够让人完全满意，每个人都必须学会与工作磨合，适应工作，也要学会乐观面对辛苦的工作，这样生活才会更加令人愉悦。

在职场上，有一些年轻人一年之间跳槽五六次，有的高达十次之久，细细算来，他们每份工作平均只做了一个月。一个月的时间哪里够了解一种行业或者一份工作呢？盲目辞职只会让他们失去眼下的一切，而不得不再次经历找工作的痛苦。所以，当感到工作不如意的时候，应该做的不是立刻辞掉工作，而是更加清楚地认识自己，也客观分析这份工作的利与弊。唯有如此，才能让自己找到与工作磨合的最佳方式。这就像是夫妻在一起，哪怕恋爱时再浓情蜜意，一旦走入婚姻之中，切实感受油盐酱醋茶的琐碎，他们也可能感到挫败或心生厌倦。如果但凡遇见婚姻的坎坷就选择离婚，那么永远也不会体会到夫妻共渡难关的别种甜蜜。明智的人会知道，世界上并没有那么一个人能够完全与自己契合，只有双方共同努力磨合,夫妻间的矛盾才会越来越少，才能从婚姻中得到相应的回报。现实生活中，我们看到那些感情深厚的夫妻总是非常羡慕，实际上这只是因为他们对于婚姻都有着自己独特的经营之道，那绝不是放纵自己的个性，完全不宽容和理解对方，恰恰相反，那是他们会更多地站在对方的立场上考虑问题，从而不断加深与对方的感情。

没有人生来就拥有幸福快乐的生活，幸福快乐的生活要靠自己努力争取，诚如工作，诚如婚姻。

大肚能容，不为小事伤脑筋

生活中充斥着形形色色的小麻烦事。这些事情可能不会对我们的人生产生至关重要的影响，却会让我们无法全情投入地拥抱幸福。精明的人都会算计，即使不占别人的便宜，也要算计自己吃没吃亏。然而，爱算计的人往往不会幸福。因为，幸福禁不起算计。细心的人会发现，有些在生活中显得很傻的人，整日大大咧咧，什么也不在乎，反而很幸福。他们之所以幸福，是因为从不计较自己吃没吃亏。古人云，吃亏是福，虽然是很简单的四个字，真正做到的人却没有几个。吃亏是福，吃亏为什么是福呢？且不说我们的斤斤计较能否保证自己不吃亏，设想一下，你整日里为了鸡毛蒜皮的事情琢磨来琢磨去，要死多少脑细胞呢？如果事情无关大碍，吃点儿小亏又何妨呢？你浑然不知地吃了小亏，也不会觉得自己吃亏，还省却了斤斤计较的烦恼，这不是福气又是什么？人生之中，值得我们忧虑的事情太多，为小事不值得伤神了。

也有很多人在意的不是利益的得失，而是别人曾经对他的不公。其实，这个世界上没有绝对的公平与不公平，很多时候，看似吃亏，实则占便宜。也有很多时候，看似占了大便宜，其实是吃了大亏。人生总是需要平衡，而真正的平衡在于我们的内心。那些在我们需要的时候没有伸出援手的朋友也许有不能言说的苦衷。那些在背后陷害我们或者说我们坏话的同事家里或许有什么困难，所以才逼得他出此下策。对于那些曾经非议我们的人，我们应该一笑置之，谢谢他们教会我们懂得人心险恶；对于那些曾经小看我们的人，我们应该谢谢他们，因为是他们激励我们一往无前，走向成功，为自己赢得真正的尊严。放下这些生活中的小事，我们才能从容豁达地生活。如果我们总是因为不相干的人和事扰乱自己的心绪，那么我们将会损失更多。这个世界上，还有什么比幸福平稳的心绪更值得珍惜的吗？所以，没有必要为了别人，失去自己最宝贵的东西。记住，宽容别人，就是宽容自己。有舍才有得，上帝在为你关闭一扇门的同时，一定会再为你打开一扇窗。

现代生活中，很多年轻人为了小事就郁结于心，过度扩大问题。其实，那些事情都是不值一提的小事，根本不应该记挂在心上。我们要想获得幸福的生活，就应该修炼自己的内心，让自己变得淡定平和，唯有如此，我们才能拥有广阔的胸襟，大肚能容天下之事。

走弯路是人生常态，没有必要悲观失望

大文豪鲁迅先生曾经说过：这世上本没有路，走的人多了，也就有了路。人的一生会遇到很多人，遇到很多事，走很多路。即便土豪如和珅，聪慧如司马光，智谋如诸葛亮，我想，他们都不敢说自己从未走过弯路。走弯路是人生常态，我们没有必要悲观失望、长吁短叹、停滞不前，而应泰然处之，最终必能柳暗花明！

一位禅师曾经跟弟子们探讨过一个问题。

他拿来一张地图，打开并询问众人："你们从这地图上的河流都看到了什么？"弟子们观后回答："河流有大小之分，却都是弯的。"禅师又问："为什么河流都是弯的呢？"弟子们七嘴八舌，有的说在有限的空间里，弯弯曲曲的路线可以保证河流拥有最大的容量与流量，这样当雨量增多时，河流就不会水满为患导致决堤；又有的说弯曲的河流比直线河流更长，流程更长的河流单位河段的流量更小，这样对河床的冲击力就会更小，可以对河床形成一定的保护，利于河流更长久地发展壮大。"你们说的都有道理"，禅师说，"但你们并未说到本质，究其根本，走弯路是自然形成的，因为河流在前进的过程中会遇到各种阻碍，无法逾越之时只能绕道而

行，不断向前，最后才能到达大海，以保川流不息，而停滞不前的最后结果只能是一潭死水！”弟子们心有所悟：人生路上遇到的坎坷正如河流行进途中遇到的诸多障碍，直闯不过，不如换个方法，甘于走些弯路，另辟蹊径，最终总能到达梦想的海洋。

两点之间，直线最短。这是很多人都知道的道理，也正因此，人总是倾向于走直线。但直线并不等于捷径，弯路并不等于歧路。成功路上，或许由于寂寞，或许由于孤独，总是会有很多看似美好的捷径与直路，当你经受不住诱惑，欣然往之，可能会发现直路的尽头不过是海市蜃楼，水中捞月！很多时候，我们总会认为自己走的是直线而不顾一切奋勇向前。殊不知，你眼中的直线或许正是“过来人”的弯路，而路到底是直是弯，标准却因人而异。犹如登山，有人喜欢沿着笔直的阶梯拾级而上，有人却喜欢林间的小道，于是后者收获了一路的风景。因而，走的是直路弯路并不要紧，要紧的是走路时的心态。

人生走弯路是常态，因为我们没有时光机器，无法穿越到未来去一探究竟。没有人可以说清楚自己当下走的路到底是直是弯，正如没有人可以保证自己的第一步永远都是正确的。苹果的创始人乔布斯在一次演讲中曾经提到过他大学退学之后去学习美术字的一段经历。他学习美术字时，并没有想过日后可以依靠美术字做什么，而只是凭借兴趣去做。如果以当

时他退学创办苹果的事例来说，人们都会认为他走了一条完全不搭边的弯路，但是现在看来，如果当时乔布斯没有学习美术字，苹果笔记本就不会有这么漂亮的艺术字体。人生机缘就是如此巧合，你永远都不会知道自己当下的每一步对未来会有怎样的影响，我们所能做的也就只有珍惜当下，把握好脚下的每一步。记住，生活就是一个不断学习的过程，自身的经历才是累积到的最大财富。

人生走弯路并不可怕，可怕的是没有从头再来的勇气和再来一次的坚持。很多时候，当你身处其中，着眼于前，你看到的都是美好的直路，所谓的当局者迷便是这个道理。这个时候我们便需要跳出当前的思维，抽身其中，学会从旁观者的角度看清全局。

人生中，走的是弯路还是直路并不重要，更重要的始终都是人的信念！河流或许由于冲动，或许由于别无选择，遇到断路竟直闯而去，看似死路一条，实则跌落百米之下，形成绝美瀑布。人生亦是如此，眼前的绝境看似山穷水尽，但其实只要抱有坚定的信仰，朝着目标不断前进，便会产生无穷的力量， 奋勇直前，柳暗花明，直到取得内心的成功与安定！

逆境是磨难，也蕴含了成长的因子

人生并非只有坦途，大多数情况下，人生更多的是逆境。面对逆境，我们有两种选择：或者坚强不屈地抗争，或者被逆境征服，相信聪明的人都知道应该作何选择。遗憾的是，知道是一码事，做到又是另外一码事。很多人在面对逆境的时候，说起话来信誓旦旦，但是真正做起事情来却完全变了模样。在逆境中成长的道理人人都知道，但是真正能够做到的人少之又少。

孟子曾经说过，“生于忧患，死于安乐”。这句话告诉我们，在各种灾难和忧愁中，人生反而容易得到更好的发展，但是在安乐的生活里，人反而因为麻痹大意，导致对人生估计不足，因而没落，无法实现人生的理想和目标。展翅翱翔的苍鹰并非天生就拥有强壮有力的翅膀。每当小鹰孵出来，母鹰总是残酷地把小鹰赶出巢穴，逼迫小鹰依靠自己的能力在自然界中生存，更早地学会展翅翱翔。否则，假如小鹰一直留在母鹰身边，最终会因为无法适应残酷的自然环境而失去性命。无独有偶，当小鹿才刚刚睁开眼睛看世界时，鹿妈妈就会不停地踢小鹿，逼着小鹿在刚刚降临人世的第一时间就学会站立。也许这看起来有些残酷，但是能很好地帮助小鹿适应危机

四伏的大自然，从而提升小鹿生存的概率。遗憾的是，连动物都明白的这个道理，很多的爸爸妈妈却将其抛之脑后。随着独生子女时代的到来，爸爸妈妈们对于孩子看得越来越重，有些爸爸妈妈会对孩子照顾得无微不至，导致孩子们成为了衣来伸手、饭来张口的小公主、小皇帝。一个人哪怕学识渊博，也必须具备独自生存的能力，才能在这个社会上更好地生存和发展。人生并非总是一帆风顺的，父母也不可能跟在我们的身边照顾我们一辈子。我们必须学会自立自强，勇敢地面对人生的挫折和磨难。唯有如此，当遭遇逆境的时候，我们才能继续茁壮成长。

很多吃足了逆境苦头的朋友，总是对逆境怨声载道。殊不知，逆境虽然会带来磨难，但也是成长的最佳契机。可以说，人在顺境之中获得的成长很少，唯有在逆境中，人们才有更多的机会得到磨炼，也让自己意念坚强，决不放弃。诸如伟大的音乐家贝多芬，他小时候其实饱经挫折，生存艰难。但是他始终没有放弃对音乐的追求，即使在两只耳朵都失聪之后，也依然执着于音乐创作，所以他才能成为一代伟大的音乐家，也才能创作出流传千古的音乐作品。司马迁受到残酷的宫刑，但是他从未放弃《史记》的写作，因此他才能得到“史家之绝唱，无韵之离骚”的至高评价。可以说，古今中外那些成就伟大事业的人，无一不是从逆境中艰难跋涉出来的。他们从不会被逆境吓倒，而是踩着挫折的阶梯，永攀逆境的高峰，最

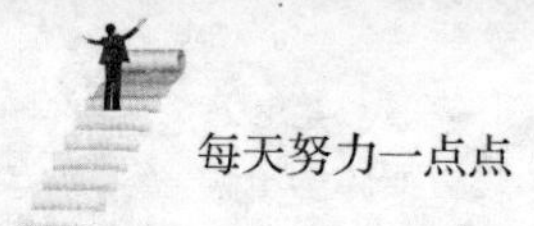

终超越逆境，获得成功。

曾经，伊朗有个国王非常喜欢铺张，因而在听人说法国的凡尔赛宫殿非常漂亮气派之后，他很不服气，当即决定按照凡尔赛宫的样子，把自己的皇宫也重新装饰一新。因为凡尔赛宫殿的大厅里有一整面墙的镜子，所以国王当即决定他的新宫殿也要有这样一整面墙的镜子。得知国王要重新建造宫殿的消息后，全国各地的诸多建筑商都赶来面见国王，希望有机会重建宫殿。经过严格的挑选之后，国王决定把修建宫殿的重任交给建筑商拉亚。对此，拉亚觉得很荣幸，他也决定要不遗余力地建好宫殿。

拉亚是个实力很强的建筑商，在他的带领下，新宫殿的修建工作进展顺利。事实证明，他们最终一定会因为这座气势恢宏的宫殿赢得国王的赞赏。眼看着新宫殿即将完工，拉亚如今只等待远道运来的镜子到达，好在大厅的那面墙上安装好镜子，就可以向国王交差。然而，等到镜子运到后，拉亚沮丧地发现包装箱里的镜子在运输途中已经破碎了。为此，拉亚几乎崩溃，因为国王根本不会管这是不是意外。拉亚很清楚，他非但无法得到国王的认可和赞赏，反而有可能因为这些破碎的镜子失去生命。为此，拉亚简直急得如同热锅上的蚂蚁一样。

正当拉亚着急万分时，他手下的一位设计师主动请缨，告诉拉亚他有办法解决问题。拉亚不知道他会怎么样，却突然看到他拿起大锤子，把仅剩的几块相对大片的玻璃，也都砸成

了碎片。拉亚不知道这个设计师的葫芦里卖的是什么药，只是惊讶万分，赶紧阻拦设计师。不想，设计师却满脸轻松地说："我们可以把碎片镶到墙壁上，这样不仅仅一面墙有镜子，好几面墙都可以有镜子，肯定比凡尔赛宫更加漂亮。"听到设计师的话，拉亚不由得欣喜若狂。果然，他们后来因为这几面镜子墙的创意，都得到了国王的赞赏和嘉奖。

得罪国王，脑袋可就保不住了，因而大多数人如果遇到上文故事中的情况，肯定也会和拉亚一样吓得心惊胆战。但是那位年轻的设计师反其道而行，非但没有害怕，反而还拿起锤子把仅有的几块大块的玻璃也打碎了。正是他的奇思妙想帮助拉亚摆脱了危机，得到了国王的认可。

毫无疑问，这位年轻的设计师在面临人生困境和挫折时，从未放弃，而是保持清醒理智的头脑，想出了一个切实可行的好办法。这样青出于蓝而胜于蓝的玻璃墙，最终真的帮助他们赢得了国王的认可和赏识，也使他们免遭国王迁怒，可谓一举数得。人生中真正的强者，不仅能在人生的顺境中表现出非凡的能力，更能在人生的逆境中保持镇定，丝毫也不慌乱，这样才能想出切实有效的解决问题的好方法。

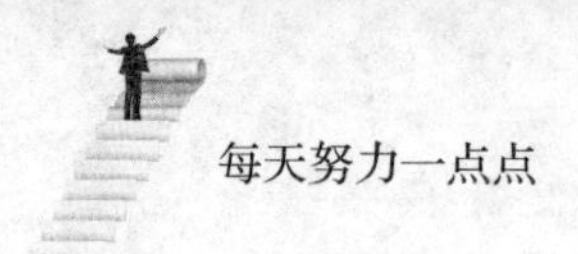

要想成功跨越挫折，唯有“熬”下去

曾经有人问一个百岁老人长寿的秘诀，老人只说了一个字——熬。对于跨世纪的老人而言，她不但经历了饥饿和战争，也经历了无数次人生的磨难。能够在一百年的时间里始终坚强地活着，并不是一件容易的事情。毕竟，人生顺境少，逆境多，而且人生坎坷的机遇也并非人力所能左右，就像人类在大自然面前无力一样，人在命运面前也同样无计可施。在这种情况下，我们要想成功跨越挫折，唯有“熬”。这个“熬”看起来也许有些悲观，然而并不绝望，它能够帮助我们超越人生灾难的沟壑，成功实现自我的圆满。

不管以何种方式面对灾难，强者的心态都应该是积极的。面对可以战胜的苦难，强者主动出击，面对无法战胜只能熬着的苦难，强者也能够保持乐观的心态。由此可见，我们想要最终战胜命运，就一定要保持良好的心态。记住，苦难总是暂时的，生命就如同一条奔腾不息的长河，既会把我们卷入漩涡之中，也会把我们带出苦难，迎接更美好的未来。

如果把人生比喻成在茫茫的大海上行舟，那么我们就应该是操控命运的舵手。否则我们一旦随波逐流，奔涌的海水也许会把我们带到不知名的所在，也许会导致我们的人生之舟

触礁沉没。即使风再大，浪再高，我们也要牢牢握住命运之舵，永不放手。

有一天，罗伯特来到芝加哥的中西部，向那里苦难的农民发表演讲。然而，尽管他的演讲满怀热情，但是那些农民却不以为然，他们只是说：“我们生活在水深火热之中，最需要得到的是希望，只有希望才能真正帮助我们。”听到农民的话，罗伯特讲起了自己的人生。

小时候，罗伯特的家是一个小农场。那时候，整个经济情况都不好，罗伯特的父亲在当了很久的雇农之后，才以所有积蓄买下了这个小农场。只有三岁的罗伯特常常忍饥挨饿，为了取暖，他不得不爬进猪圈捡拾那些猪啃剩下的玉米棒子。次年春天，他们又遭遇天灾，严重的旱情使得父亲虽然种下了提前预留的几斗玉米种子，但是最终在经过大半年的辛苦劳作之后，收成也就刚刚和种子相抵，这岂不是颗粒无收么！罗伯特迄今为止仍不能忘记他们的艰难生活，然而这一切都熬过来了。

若干年后，他们的生活已然有了好转，他们把家里新建的九栋房屋粉刷一新，幸福已经成为他们的囊中之物。然而，在一个六月里的下午，他们的家受到了龙卷风的肆虐侵袭，最终片瓦无存，父亲眼睁睁地看着自己一生劳碌的成果付诸东流。然而，他们没有放弃希望，而是继续努力，最终，他们的农场再次充满生机。从回忆中走出，罗伯特告诉所有在场

的农民："苦难终究会过去，强者才是命运的主宰！"这样的经历给了所有在场的农民以激励，让他们原本如同死灰一样的心再次充满希望，他们也给予了罗伯特经久不息的热烈掌声。

罗伯特的故事告诉我们，心若在，梦就在，希望就在。只要我们能够勇敢面对和迎接人生的苦难，就一定能够战胜苦难，最终迎来人生的柳暗花明。和那些遇到一点小小的困难就马上放弃的人相比，心怀希望的强者才是命运真正的主宰。任何时候，都不要在人生之海上随波逐流，至少我们要保证我们能够朝着既定的目标和方向不懈努力。

任何强者，都是坚强、勇敢和执着的，他们从不轻易放弃。哪怕面对再多的风雨，他们都能够勇往直前。也许每个人面对的苦难并不相同，但是强者面对苦难所表现出的品质却是相同的。即使我们遭遇的苦难历时更加长久，我们也要坚持不懈，决不放弃。相信，总有一天乌云会散去，我们的人生会充满明媚的阳光。

直面挑战，让你的人生风生水起

现实生活中，很多人都想要出类拔萃、卓尔不群，然而面对人生的很多境遇，或者是危机和考验，甚至是机遇，他们总是选择逃避。不得不说，这是很畏缩的应对方式，也根本无法帮助人获得成长。常言道，人生不如意十之八九，这就告诉我们人生的常态是不如意，也是坎坷和挫折。既然如此，我们就要非常努力地去面对人生，而不能一味地逃避，否则就会失去对于人生的主动权，也会在人生之中面对更多的困境和无奈的局面。

有人说，既然哭着也是一天，笑着也是一天，为何不笑着度过人生的每一天呢？的确如此，如果有选择的权利，一定要笑着度过人生的每一天，这才是更加积极主动的人生姿态。同样的道理，面对人生的很多困境，既然勇敢面对也是解决问题，逃避畏缩也依然要被动地解决问题，为何不能选择勇敢地接受挑战呢？至少这样还可以占据主动权，也还可以在人生的过程中把每一件事情都做得更好，让人生变得更加精彩。唯有如此，人生才会充实有意义，未来才会更加值得憧憬和期待。

安德鲁·卡内基是大名鼎鼎的钢铁大王，把钢铁产业打

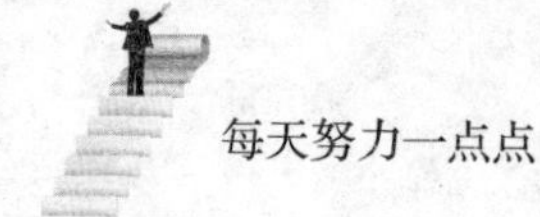

造得很大，经营得风生水起。当然，卡内基只凭着一己之力是很难做到这么好的，他还有很多得力干将。施瓦伯就是卡内基的一个得力助手，正是因为他全力配合地帮助卡内基经营、管理工厂，才让卡内基的事业发展得更好。

有一天，一位经理来到施瓦伯的办公室对施瓦伯说：“我真的不知道要怎么做才能提升工厂的效率。我使出了浑身解数，如赞美他们、激励他们，甚至还自掏腰包给他们设定不同等级的奖金，也有的时候因为恼火而扬言要辞退他们，但他们就是一如既往、不为所动，继续这样懒散地面对工作。我的部门总是无法按时按成任务，对此我表示无能为力。”在听完经理喋喋不休的抱怨之后，施瓦伯什么都没有说，只是当即起身去了这个经理所在的部门车间。施瓦伯问正在当班的工人：“你们这一班的产量是几台？”工人回道：“6台。”施瓦伯找到每天写通告的黑板，这个黑板被放在醒目的位置，每个工人来上班的时候都会先看一看黑板上是否有需要注意的通知。施瓦伯拿起粉笔，用力地在黑板上写下：“6”。等到这个小组的人下班，另一个小组来上班的时候，看到黑板上重重写下的“6”，马上询问上一班还没有走的同事“6是什么意思？”同事说：“6就是我们生产了6台，是不是很厉害！”接班的工人不以为然：“切，6台也没有很厉害！”接班的工人为了赶超之前的同

事，在一个班次的时间里非常努力，居然生产出来7台。于是，他们把6擦掉，在黑板上重重地写下7，而且还把7描得又粗又黑。

就这样，两个小组的人轮流上班，每次来到班上的时候，他们都会看一看上一组的产量，为了不输给对方，他们始终都在全力以赴地生产，努力地赶超对方。让经理万万想不到的是，原本工人对于工作上的固定任务都不能按时完成，如今居然把效率提升一倍之多，速度最快的生产小组已经达到一个班次生产12台机器。经理高兴地把工人的改变告诉施瓦伯，施瓦伯对经理说："这就是挑战的魅力！"

每个人都有争强好胜的心理，他们非常愿意与他人一争高下，不甘心落在竞争对手的后面。施瓦伯所依靠的就是数字激发工人的挑战和竞争意识。

现实生活中，每个人都有很多机会面临挑战。当挑战来临的时候，是选择放弃，还是选择勇敢地面对，这是每个人截然不同的态度，也必然决定了每个人在处理具体事情的时候会获得的不同结果。在如今的职场上，竞争越来越激烈，每个人所面临的挑战越来越大，但是不要放弃，只有勇敢地突破和超越自己，成就更加优秀和伟大的自己，我们才能真正地实现对于命运的挑战。很多人都喜欢看奥运会，那么一定知道那些运动员之所以能够在体育运动的项目中不断地突破和超越自

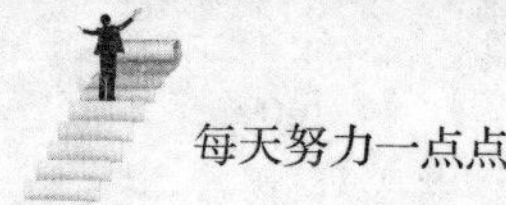

我， 就是因为他们很善于挑战世界纪录的保持者，也很善于挑战自己。正是因为有这种不断地攀登人生高峰的精神和勇气，他们才能发扬体育精神，不断地发奋向上，创造一个又一个新纪录！

参考文献

[1]赵哲媛.每天努力一点点[M].北京：群言出版社，2004.

[2]雾满拦江.你要在最好的年纪，活得无可代替[M].南昌：百花洲文艺出版社，2017.

[3]刘仕祥.在最能吃苦的年纪，遇见拼命努力的自己[M].深圳：海天出版社，2016.

[4]赵渊.每天努力一点点[M].北京：金城出版社，2010.